La conscience et ses biais

Connaître et reconnaître les biais cognitifs pour ne plus se tromper

Acteurs de la Science

Fondée par Richard Moreau,
professeur honoraire à l'Université de Paris XII
Dirigée par Claude Brezinski et Roger Teyssou

La collection Acteurs de la Science est consacrée à des études sur les acteurs de l'épopée scientifique moderne ; à des inédits et à des réimpressions de mémoires scientifiques anciens ; à des textes consacrés en leur temps à de grands savants par leurs pairs ; à des évaluations sur les découvertes les plus marquantes et la pratique de la Science.

Dernières parutions

Claude JOSEPH, *Le Temps, sa vie, son œuvre... Vieillissement et sénescence des êtres vivants,* 2024.
Edouard PELISSIER, *Du cœur et du sang. Comment William Harvey élucida le mystère du fonctionnement du cœur*, 2024.
Elie VOLF, *De la baguette dite divinatoire, du pendule dit explorateur, et des tables tournantes, Du point de vue de l'histoire, de la critique et de la méthode expérimentale, selon Michel-Eugène Chevreul*, 2024.
Jacques LE MÉE, *De la scie d'amputation aux ciseaux nucléaires, Histoires de chirurgie et de médecine, Et quelques ragots de salle de garde*, 2024.
Michel DUBUISSON, *Pierre-Charles-Alexandre Louis (1787-1872), A French doctor at the dawn of scientific medicine*, 2024.
Sofiane BOUHDIBA, *Histoire médico-sociale de l'urine. De l'Antiquité à nos jours,* 2024.
Jean-François SCHVED, *Dictionnaire du sang*, 2024.
Roger TEYSSOU, *Les calculs de la vessie et la lithotritie,* 2024.
Anne-Marie MARION-AUDIBERT, *Au fil de nos entrailles*, 2023.
Norbert GUALDE, *L'Épidémie c'est l'homme, L'Anthropocène, l'épidémie, la syndémie, la démorésilience*, 2023.
Roger TEYSSOU, *Félix Le Dantec, Breton de Lannion et homme d'exception*, 2023.
Michel PINAULT, *Gustave Flourens : un intellectuel révolutionnaire. Du Second Empire à la Commune de 1871*, 2023.

Pascal Mespouille

La conscience et ses biais

Connaître et reconnaître les biais cognitifs pour ne plus se tromper

L'Harmattan

Du même auteur

Quand les neurones ne répondent plus, Mardaga, 2020.

Mémoire : comment renforcer vos performances cognitives, e-book, Pure Santé (Lausanne), 2021

Alzheimer, Parkinson, Charcot… Comprendre et vivre avec une maladie neurodégénérative, Mardaga, 2022

Dessine-moi une conscience, Vers une approche scientifique des mécanismes de l'esprit, Chronique sociale, collection Savoir penser, 2023

5-7, rue de l'École-Polytechnique, 75005 Paris
http://www.editions-harmattan.fr
ISBN : 978-2-336-51610-3
EAN : 9782336516103

A Laurence,

Introduction

Pour Aristote[1], l'homme est un animal rationnel, qualité qui le distingue des animaux. Ce mantra, inlassablement répété pendant 2500 ans, n'a été remis en question que récemment. Chacun se croit pertinent dans ses choix, ses décisions, ses actes. On estime opter pour les initiatives les plus appropriées à chaque situation, agir adéquatement, pour soi et ses proches, dans la vie privée ou dans le cadre professionnel.

De fait, qui voudrait, volontairement, prendre une mauvaise résolution ? Qui commencerait sa journée en annonçant : « Aujourd'hui, je vais agir de manière déraisonnable » ?
Toutefois, sauf à être de mauvaise foi, chacun concèdera, en son for intérieur, qu'il lui est arrivé de prendre des décisions inadéquates, mais elles portaient plutôt sur des tergiversations secondaires, avec peu de répercussion sur le futur. Dans tous les cas, l'*estime de soi* s'en trouve à chaque fois préservée.

Cependant, le postulat du philosophe grec est inexact : même intelligent, prudent et avisé, chaque être humain fait des fautes *systématiques* de raisonnement liées à l'existence de *biais cognitifs*. Ceux-ci sont des erreurs de la pensée qui entraînent des choix illogiques dans certaines situations *complexes*. Comme ces biais influencent successivement les diverses étapes de la réflexion, ils s'additionnent et peuvent mener à des options absurdes pourtant prises en toute lucidité.
Ce type d'erreur existe car le cerveau est organisé en centres spécialisés, génétiquement déterminés, non conscients, experts dans un domaine particulier, étroit, d'interaction avec l'environnement. La conscience, qui émerge de certains de ces centres, dépend des combinaisons résolutoires qu'ils proposent. On sait aujourd'hui qu'il n'y a pas de théâtre cartésien qui centraliserait ces options, ce qui explique les écarts observés par rapport à un raisonnement logique. Mais, comme ces erreurs ne

---

[1] Aristote, *Les Politiques*, Garnier-Flammarion, 2015.

sont pas conscientes, elles continuent à égarer en introduisant des éléments émotifs et subjectifs là où seul un traitement rationnel serait requis.
Qui plus est, machinales mais systématiques, elles sont prévisibles et peuvent donc être anticipées par ceux qui les connaissent et être utilisées, à leur profit, pour mystifier et duper. Les sciences cognitives ont amélioré leur compréhension et les moyens de les déjouer.
Connaître et reconnaître les biais, dans des situations habituelles ou exceptionnelles, est indispensable pour s'en prémunir ou en limiter les conséquences, parfois dramatiques.

Au quotidien, chacun est confronté à des situations qu'on peut qualifier de simples, compliquées ou complexes :
- Les *contextes simples* sont faciles à traiter : ils surviennent dans des situations connues. Des automatismes commodes autorisent des réponses rapides et précises. Ainsi, il n'est pas utile de réfléchir, chaque matin, à l'itinéraire qui mène au travail ni de cogiter longuement pour des choix accessoires : comme dessert, vais-je prendre de la glace ou de la crème brûlée ? On dispose, pour ces routines, de schémas éprouvés. Le seul risque est de se complaire dans certaines habitudes, par confort ou par paresse, et d'éviter les remises en question ou d'affronter certaines nouveautés.
- Les *contextes compliqués* relèvent de compétences rigoureuses, souvent professionnelles, afin de définir, parmi plusieurs possibilités, la réponse adéquate. Quel matériau est approprié pour réparer cette fissure ? Quel médicament prescrire pour telle affection ? Comment améliorer la présentation d'un exposé ? Le lien de cause à effet demeure clair et une analyse motivée permet de trier, parmi les diverses approches, les plus performantes.
- *Les contextes complexes* sont distincts : on y observe beaucoup de données, susceptibles d'interagir entre elles, avec des évolutions non linéaires (de petits changements initiaux peuvent avoir des répercussions majeures). Souvent, on ne dispose pas de toutes les informations utiles ni d'un temps considérable pour inspecter les options et leurs répercussions. Il en résulte une imprévisibilité et une incertitude qui inquiètent. Il est rare qu'une

solution unique existe et c'est *a posteriori* qu'on saura si la décision prise était valide.
Qui est certain, à 18 ans, que la voie professionnelle choisie est celle qui lui conviendra ? Qui peut attester, la veille de son mariage, qu'il a fait l'unique choix possible, et aussi le meilleur ? De plus, les répercussions de ces choix, sans être irréversibles, sont souvent cruciales dans un itinéraire de vie.
C'est dans ce contexte *complexe* qu'interviennent les biais cognitifs, véritables raccourcis de la pensée assimilés à des *heuristiques*. Celles-ci consistent en méthodes pour résoudre un problème sans passer par son analyse détaillée mais en l'inscrivant dans un cadre donné dont on pense qu'il conviendra pour aboutir à une solution acceptable.

Ces raisonnements ont pour objectif de créer un *contexte prévisible* pour l'action. Ils simplifient le monde mais proposent des solutions fondées sur des connaissances incomplètes. Ils donnent trop de poids aux émotions et à des événements distracteurs, négligent les statistiques et sous-estiment l'importance du hasard. Ils privilégient les relations simples de cause à effet. S'ils permettent de gagner du temps, c'est en fragilisant le raisonnement avec des distorsions non voulues, inconscientes et, répétons-le, *systématiques*.

Dans la vie, à chaque instant, on doit filtrer les informations en provenance de l'environnement. Pour que les capacités d'analyse consciente ne soient pas noyées par ce déluge d'informations, il faut en sélectionner la pertinence au risque d'en appauvrir la complexité. Une action efficace n'implique pas de *tout* connaître mais de percevoir les éléments appropriés au but recherché.
Ce fut, longtemps, un processus indispensable à la survie. La plupart des décisions doivent se prendre dans un laps de temps limité. C'est pourquoi on est enclin à privilégier la vitesse à la précision : une feuille qui frémit à cause du vent provoque l'envolée de l'oiseau. Il ne prend pas le temps d'en analyser la cause exacte, option fatale si elle provient d'un chat. D'où l'envol, inutile mais préférable au risque de prédation.
Nul individu n'a accès à la totalité des informations qui seraient pertinentes pour résoudre un problème complexe. Il doit donc

s'en remettre à des données partielles, quitte à leur accorder une importance excessive ou une confiance démesurée. Des processus résolutoires coûteux ou trop longs ne sont pas toujours envisageables, d'où le recours à des solutions *acceptables* plutôt qu'*idéales*.

Les biais cognitifs sont au raisonnement ce que les illusions visuelles sont au traitement de la vision : des erreurs. Un cercle entouré de grands cercles semble plus petit que le même cercle, entouré de petits formats : même en connaissant l'illusion, on y reste sensible car elle se situe en amont de l'analyse cérébrale consciente.

Le parallélisme n'est pas total : l'illusion perceptive est automatique pour tous (exemple ci-dessus ou bâton plongé dans l'eau et qui a l'air brisé) alors que l'erreur cognitive exerce une attraction sur beaucoup de sujets, mais pas sur tous, notamment lorsqu'ils ont appris à connaître et déjouer le piège. Mais la rémanence des biais explique leur réapparition dans des contextes voisins ou lorsque le sujet est distrait.

Pour décider rationnellement, il faut disposer de connaissances fondées sur une information correcte et à jour, associée à une bonne dose d'expérience, laquelle est un savoir-faire *pratique* distinct d'un savoir théorique comme d'une érudition abstraite. Cette combinaison permet de créer un modèle du monde favorable à des choix judicieux.

1. DÉCIDER VITE OU BIEN ? LES DEUX OPTIONS DE LA PENSÉE

Professeur émérite à l'université de Princeton, prix Nobel d'économie en 2002 pour ses travaux relatifs aux prises de décision, notamment dans le monde fluctuant et incertain (donc complexe) de l'économie, Daniel Kahneman a proposé d'expliquer certains biais fréquents en postulant deux systèmes de décision en concurrence dans le cerveau : le Système 1 et le Système 2[2].

---

[2] Daniel Kahneman, *Système 1/Système 2, Les deux vitesses de la pensée*, Flammarion, 2012.

Le **Système 1** (S1), *automatique*, inconscient, compare des choses simples et fonctionne par associations. Intuitif mais impulsif, il fournit des solutions rapides, sans effort apparent. Il favorise les cadres étroits, avec peu de paramètres, proposant un environnement sécurisant et stable. Il apprécie l'action et le court terme, la cohérence au risque de la crédulité. Sensible aux informations visuelles, il cherche la constance d'un univers qui évolue peu. Il a besoin d'une *attention de faible niveau* à son environnement et d'une *mémoire* capable d'associer les éléments perçus. Il est influencé par les émotions, qui constituent ses sources de conviction. Il ne connaît pas le doute (car la vérification ne dépend pas de lui) et il préfère croire que savoir. Il aime les récits, si possible élémentaires pourvu qu'ils soient cohérents. Il schématise puis catégorise selon ses préjugés. Il privilégie l'intentionnalité, tendance à considérer que tout événement est provoqué par une autre conscience.
Il n'apprécie guère les alternatives sophistiquées et, encore moins, les statistiques, pour lesquelles il est désarmé.

Le **système 2** (S2), *réfléchi*, conscient, est critique et analytique. Associé à l'*intelligence*, il utilise des compétences déductives, mathématiques, statistiques ou logiques. Loin d'être intuitif, il nécessite un apprentissage parfois long, de la persévérance et de la constance. Il planifie au long cours et peut, si nécessaire, modifier l'ordre d'une série de tâches car il est capable de recul et d'un cadre large.
Réclamant une *attention de haut niveau,* il suppose nécessairement la mémoire qui, contrairement à celle du Système 1, s'applique ici au temps long de la *concentration.*
Il implique un moi disposant d'une maîtrise de lui-même. Lent et énergivore, il n'est pas utilisé par défaut car la pression du temps le limite.

Au quotidien, le système automatique, premier sollicité, trouve des solutions à la plupart des problèmes qui lui sont posés. Ce n'est que dépassé par la complexité d'une tâche qu'il se résout à alerter le système réfléchi. Celui-ci prend le relais pour étudier la problématique, au prix d'efforts et de temps. Il décide ensuite de maintenir la routine ou, au contraire, de se réorienter vers des processus cognitifs, moins évidents mais plus performants ou créatifs.

Comment ces systèmes décident-ils ? Le cerveau élabore diverses options qu'il met en compétition. Plus l'information est incomplète, plus le processus est lent. Interviennent notamment l'intérêt, le temps investi, la qualité de l'information sensorielle et la capacité à réagir selon les signaux reçus (menaçants, agréables, …). Cet ajustement inconscient s'avère plus optimal qu'on ne pourrait le croire et peut l'emporter sur certaines délibérations conscientes. Toutefois, quand l'esprit estimera-t-il disposer de suffisamment d'indices pour décider et agir ? On sait, depuis peu, qu'il existe des oscillations neuronales aléatoires[3] qui empêchent qu'un statu quo persiste trop longtemps et ne provoque une paralysie, autrefois funeste à l'âne de Buridan. Rappelons que, dans cette parabole, on évoque un âne mourant de faim devant deux picotins comportant la même quantité d'avoine placés à égale distance, car il serait incapable de choisir. Face à deux nécessités de même valeur, donc indécidables, il faut, à un moment donné, savoir choisir, quitte à la faire arbitrairement. Un facteur de temps *raisonnable* importe (et il varie d'un individu à l'autre selon son anxiété, son optimisme…). Le corps intervient par le biais du rythme (celui des pas, du cœur, de la respiration) mais des éléments extérieurs y participent aussi (c'est le rôle de la musique, des odeurs, des lumières).

En 1887, le philosophe Bergson[4] estimait absurde d'imaginer que le *moi,* source empirique de l'identité et de la personnalité, puisse se scinder. L'existence de ces systèmes de pensée implique pourtant deux types de personnalité : un *moi agissant* par instinct et un *moi prévoyant* qui pense au long cours.
Ce dernier promeut une forme de qualité de vie, de bonheur ou de bien-être en faisant intervenir la conscience, mais il doit composer avec le moi agissant, mu par des choix peu réfléchis,

[3] Guy Cheron, *Les oscillations neuronales, Fondement du mouvement et de la pensée*, Académie royale de Belgique, Collection Poche, 2019.
[4] Henri Bergson, *Matière et mémoire*, Presses universitaires de France, 1998.

influencé par le désir, le plaisir et les tentations, et, de ce fait, vulnérable aux emprises (influences sociales, alcool, drogues…). Les deux entités entrent souvent en conflit et, pour chaque décision, il faut un gagnant. La maîtrise de soi implique le contrôle de la part récalcitrante d'un moi impulsif, lequel, à l'inverse, tente de limiter la rationalité pour imposer son point de vue étroit.

Un tel dédoublement du moi n'est pas unique : en neurologie, on connaît, depuis les années 1950, le syndrome du cerveau scindé (mieux connu sous sa dénomination anglaise de *split-brain*). Chez les mammifères supérieurs, les deux hémisphères sont reliés par un imposant faisceau de fibres nerveuses, appelé le corps calleux, qui unifie l'information recueillie par chaque hémisphère et qui coordonne leurs activités.
Sa section chirurgicale empêche la communication entre les hémisphères. Tout se passe comme si deux individus fonctionnaient, sans coopérer, dans le même corps. D'où de curieux tableaux cliniques, devenus classiques, notamment décrits par Gazzaniga[5].
Par exemple, on projette, dans le champ visuel gauche (perçu par l'hémisphère droit), des consignes (riez !) Le patient obtempère mais, si on lui en demande la raison, l'hémisphère gauche, doté de parole, l'ignore et doit improviser une explication. Des années plus tard, le même auteur[6] a démontré que chaque hémisphère possédait aussi sa propre conscience pour des jugements moraux : l'hémisphère gauche juge le résultat, le droit privilégie l'intention. Le cerveau divisé démontre qu'on peut avoir deux systèmes conscients quoique basés sur des paramètres différents.

Même des sujets en bonne santé peuvent présenter des dissociations du moi. Le *chapitre 4* consacré aux biais de jugement montrera la distinction marquée entre le moi qui a expérimenté un événement et le moi qui se le remémore.

---

[5] Michael S. Gazzaniga, *Le libre arbitre et la science du cerveau*, Odile Jacob, 2013.
[6] Michael S. Gazzaniga, *L'instinct de conscience*, Odile Jacob, 2022.

2. ANATOMIE DES BIAIS[7]

Avec ces systèmes, Kahneman appliquait au contexte économique, des modalités de fonctionnement cérébral que les neuroscientifiques connaissaient, basées sur des structures cérébrales distinctes.

Le système automatique (S1) dépend, pour une large part, de plusieurs noyaux localisés dans les profondeurs du cerveau, que l'homme partage avec la plupart des animaux (dont tous les mammifères). Ces structures neuronales comprennent l'hippocampe, l'amygdale, le striatum et les noyaux accumbens.

L'*hippocampe* joue un rôle central dans la mémorisation. Située, au sein de chaque hémisphère, dans les profondeurs du lobe temporal, elle appartient au système limbique qui collabore aux composantes émotionnelles. L'hippocampe intervient aussi dans les processus attentionnels ainsi que dans l'orientation dans l'espace. Les neurones s'y multiplient encore à l'âge adulte, en lien avec l'apprentissage et la consolidation des souvenirs. On la retrouve à la base des biais liés à la cohérence associative (*chapitre 1*).

L'*amygdale cérébrale,* située en avant de l'hippocampe, est sensible à certains paramètres de l'environnement. Elle évalue les informations sensorielles, notamment celles qui semblent hostiles. Elle constitue un véritable système d'alerte qui oriente le comportement en générant des émotions pour susciter des réactions rapides. Elle est donc une structure omniprésente dans les biais.

Le *striatum* est une structure complexe constituée de plusieurs noyaux (noyau caudé, putamen, pallidum, striatum ventral comprenant le noyau accumbens). Il intervient dans le contrôle du mouvement volontaire et involontaire (automatique), dans la prise de décision et la motivation, qu'elle soit alimentaire ou

---

[7] Pour une analyse détaillée, voir : Pascal Mespouille, *Dessine-moi une conscience*, Chronique sociale, 2023.

sexuelle, entraînant des comportements appétitifs ou aversifs. Ces structures utilisent un neurotransmetteur appelé dopamine, et sont impliquées dans les maladies de Parkinson et de Huntington, mais aussi dans les assuétudes et toxicomanies.

Les *noyaux accumbens* forment une liaison entre les phénomènes moteurs des noyaux gris centraux, dont ils font partie, et les réactions émotionnelles du système limbique. Ils participent à la motivation, au conditionnement, à l'apprentissage, réagissent à la nouveauté, donc à la curiosité. Ses neurones évaluent l'erreur de prédiction par rapport à une récompense espérée (calcul de risque), établissant un ratio entre des comportements à risque, qui peuvent parfois s'avérer intéressants, par rapport à d'autres postures. Cette aptitude intègre la différence entre l'attente et ce qui survient, entre ce qui est espéré d'une décision et ce qui est constaté. On retrouvera ce circuit en évoquant le biais d'optimisme (*chapitre 3*). Activés, ces noyaux contribuent à ignorer les risques au profit du seul plaisir. Leur maturation cérébrale étant plus précoce que celle des lobes frontaux (inhibiteurs), on y voit une explication des conduites à risque plus marquées des adolescents.

Toutes ces structures, on le constate, sont centrées sur le court-terme, les bénéfices immédiats, les réactions stéréotypées, autant de caractéristiques du système automatique S1. Celui-ci n'implique pas obligatoirement le langage. Toutefois, certaines parties du lobe temporal contiennent des neurones sensibles aux récits qu'on rencontrera dans le biais rétrospectif (*chapitre 3*). Ils sont stimulés lorsqu'un fait se rapproche de fictions reconnues qui leur donnent un sentiment de familiarité. Ce système gère néanmoins une partie de la langue maternelle car sa rapidité contribue notamment à la prédiction automatique des mots (que l'intelligence artificielle vient de *découvrir* à son profit). Parler une seconde langue implique, par contre, sauf à être parfaitement bilingue, le recours au S2. Chacun a déjà eu l'occasion de percevoir la différence qui existe entre la fluidité de la première et l'aspect parfois laborieux de la seconde.

Le système réfléchi (S2) est associé au *cortex frontal*, très développé chez l'être humain. Capable de résister à la distractibilité, il retarde un plaisir immédiat pour un autre, plus important, situé dans le futur, réduisant l'impulsivité première. Cette capacité d'inhibition est fondamentale pour gérer des situations délicates ou embrouillées et trouver des stratégies novatrices : par exemple, au lieu de fuir devant des flammes, comme le font les animaux, certains Homo erectus, il y a 400.000 ans, ont résisté à la pulsion initiale pour chercher à s'en accommoder, parvenant à une domestication du feu et aux bénéfices qui en ont résulté.

Le *cortex préfrontal*, situé comme son nom l'indique, dans la partie antérieure du lobe frontal, est impliqué dans les *fonctions exécutives*. Celles-ci opèrent dans le raisonnement (*chapitre 2*), la résolution de problèmes, la réflexion, le jugement (*chapitre 4*), la stratégie, la planification et la créativité. Toutes ces opérations nécessitent en effet des étapes successives d'observation, d'analyse, de résolution comme de comparaison entre le résultat obtenu et celui attendu. Une *flexibilité mentale* est indispensable, dont ne dispose pas le système automatique.
Le système exécutif contrôle et régule l'action au moyen de boucles interactives qui réactualisent l'information et corrigent, si nécessaire, la réalisation en cours. Les capacités inhibitrices, dépendantes de l'éducation reçue et des compétences sociales, permettent de supprimer des actions inappropriées ou qui cessent d'être pertinentes. C'est ce système qui intervient quand on saisit un plat trop chaud et que, plutôt que de le lâcher, on le pose rapidement sur une surface située à proximité pour éviter de le casser.
Cette capacité à privilégier une action fiable à une impulsion témoigne de l'inhibition du système exécutif.

Le cortex frontal est immature à la naissance. Son développement est plus lent que celui d'autres aires cérébrales (on l'a vu par rapport au noyau accumbens). Cela explique pourquoi les jeunes enfants ont des difficultés à inhiber une réponse préparée, contrairement aux adolescents ou aux adultes.

Ce délai concernant la maturité constitue un énorme avantage car il permet l'intervention de l'éducation, des compétences sociales et, plus globalement, de tous les apprentissages.

Les *sentiments*, seconds et réfléchis, interviennent aussi pour accroître le contrôle contre la tyrannie des émotions, qui sont premières et non initialement non conscientes. En nous informant sur un état vécu au plus profond de nous, dans la durée, ils nous aident à décider dans des situations où règne l'incertitude.

Les fonctions exécutives détachent l'individu de l'immédiateté. Quand le système dysfonctionne (par exemple, dans le cas de tumeurs frontales ou de certaines formes de démences fronto-temporales), l'environnement redevient déterminant dans les choix. Le patient, privé d'une partie de son inhibition, privilégie les réponses stéréotypées et les bénéfices immédiats, au détriment de la raison.

3. BIAIS ET FONCTIONS CÉRÉBRALES

Les biais cognitifs interfèrent avec certaines *fonctions* cérébrales qui sont à détailler car présentes dans l'analyse qu'on en fera.

L'attention

À l'origine de tout traitement d'une information, il y a l'attention. C'est la faculté de se concentrer sur une cible précise (son étymologie latine signifie tendre vers). Elle implique de se retirer de certaines choses afin d'être efficace dans d'autres, de résister, par un acte de volonté, à des distractions pour réaliser, de manière optimale, une tâche. L'art de mobiliser son attention s'appelle la *concentration.*

Elle précède d'autres fonctions cognitives : mémoriser, apprendre, planifier, décider, communiquer. Les processus mentaux qui ont besoin de représentations stables (ce qui est le cas dans des situations complexes) nécessitent un fort contrôle attentionnel pour maîtriser les distracteurs (externes ou internes). Son filtre, non conscient, détermine la pertinence de stimuli sur des bases génétiques, propres à l'espèce, et personnelles, liées aux expériences acquises. En effet, l'éducation l'améliore, en évitant la dispersion et en apprenant à résister aux tentations. L'attention s'oppose à une ouverture totale, indifférenciée donc inutilisable. D'une certaine manière, elle *simplifie* le monde pour le *clarifier*. C'est un mécanisme anticipatif qui configure l'environnement afin de faciliter l'action. Maintenir l'attention implique un équilibre délicat avec la capacité à s'en dégager : en effet, une trop grande focalisation entraîne le risque de négliger des éléments nouveaux.

Le *test du marshmallow* (*guimauve*, en français) étudie cette capacité à résister à la distraction ou à une tentation. C'est un psychologue de Stanford, Walter Mischel, qui l'a développé en 1972 : on met un enfant de 4 ou 5 ans en présence d'une sucrerie à base de guimauve. Un adulte lui explique qu'il peut la manger tout de suite, ou pas. Il annonce qu'il va s'absenter un certain laps de temps (15 minutes). Si, quand il revient, l'enfant n'a pas touché au marshmallow, il en recevra un second. Le test exige donc un petit sacrifice immédiat pour un bénéfice futur. Sur les 500 enfants testés par Mischel, un tiers a résisté au fait d'avaler la sucrerie.

L'étude, répétée avec de longs suivis, a donné des résultats stupéfiants : le test s'avère un prédicteur fiable de la réussite future d'un individu. Ceux qui avaient mangé la guimauve étaient, 30 ans plus tard, moins bien lotis que ceux qui avaient résisté : ils avaient plus de problèmes de santé, plus d'addiction et de casiers judiciaires, deux fois plus de problèmes conjugaux, et des revenus inférieurs. Le test prédisait l'avenir de l'enfant par sa seule capacité à résister aux frustrations, à se concentrer, bref à atteindre des objectifs.

Cette compétence, valable pendant son parcours scolaire, persistait donc à l'âge adulte avec des études plus longues, un travail plus valorisant, plus de succès sportifs, des relations affectives gratifiantes et prolongées. Résister à une tentation témoigne d'une volonté sur le long terme. Pour le court terme, l'impulsivité suffit.

D'un point de vue anatomique, l'imagerie par résonance magnétique a objectivé, chez ces enfants, l'existence d'un faisceau inhibiteur fronto-striatal (reliant le cortex frontal et les noyaux du striatum) plus développé, confirmant l'implication de ce circuit sur la motivation et le self contrôle.

L'attention est une compétence qui s'apprend. La prime enfance y est réceptive car la capacité de contrôle apparaît vers un an, se déploie avant 6 ans et persiste jusqu'à la fin de l'adolescence. D'où l'importance de l'environnement familial et scolaire pour la développer.
Sans surprise, la qualité de l'attention est réduite par une surcharge cognitive, la fatigue, mentale ou physique, un manque de motivation, un sommeil médiocre, la prise d'alcool et de drogues. Le moral intervient : des enfants tristes réussissent moins le test que des enfants heureux.
Multiplier les distracteurs perturbe l'attention, ce que les géants de l'informatique ont compris. Si capter l'attention afin de l'orienter est la fonction première de toute publicité, cette capture (plus que captation) du cerveau a pris une ampleur insoupçonnée avec les réseaux sociaux, les médias numériques et les moteurs de recherche. On les retrouvera fréquemment dans l'analyse des biais.
Les capacités attentionnelles se réduisent avec l'âge, d'où les plaintes *mnésiques* rencontrées (puisque l'attention précède la mémorisation). On doit l'entretenir par des exercices appropriés.

Trop sollicitée, l'attention développe une *habituation* qui la rend moins sensible[8]. C'est la version modernisée de l'expression « à trop crier au loup, on n'est plus écouté ». Si cette accoutumance est physiologique, elle a pour corollaire que le maintien d'un même degré d'attention implique la multiplication des stimuli ou l'augmentation de leur amplitude. C'est le principe même de l'addiction.
Isoler un signal implique d'en ignorer d'autres, ce que démontre l'expérience du *gorille invisible* réalisée par des psychologues de Harvard en 1999. Focalisées sur une tâche (on demandait aux participants de compter des passes d'un ballon réalisées par des individus habillés de blanc), des personnes ont ignoré la présence incongrue d'un humain déguisé en gorille, interférant avec des

---

[8] Jean-Philippe Lachaux, *Le cerveau attentif,* Odile Jacob, 2011.

joueurs en train d'échanger la balle. La moitié des sujets ne voyait pas le gorille. Mais, si on présente cette expérience à des témoins *avant* de leur projeter le film, tous sont convaincus qu'ils auraient vu l'animal. Ils font preuve d'un biais d'*optimisme* sur leurs capacités attentionnelles et négligent les tunnels mentaux générateurs erreurs (voir *chapitre 3*).

La mémoire

La mémoire est la faculté d'enregistrer, de conserver et de rappeler des souvenirs ou des connaissances, ainsi que le contexte qui s'y trouve associé.
Contrairement à ce qu'on pense, elle n'est pas exclusivement tournée vers le passé : elle est, aussi, la capacité présente à sélectionner des éléments qui pourraient être utiles dans le futur.

On distingue classiquement la mémoire à court terme et les diverses mémoires à long terme.

<u>La mémoire à court terme (mémoire de travail)</u>
Elle dépend de l'hippocampe, petit noyau qui contient une cartographie de l'environnement, avec des cellules qui proposent une grille de lecture pour s'orienter. Cette cartographie de l'espace fait intervenir, outre des lieux et des trajets, divers sens comme l'odorat et des émotions.

<u>Les mémoires à long terme</u>
La mémoire à long terme, essentielle à l'identité, est un processus complexe, insuffisamment connu, non localisé. Des réseaux neuronaux ont stocké des informations afin de les évoquer, spontanément (en croisant fortuitement une personne, on reconnaît en elle un copain perdu de vue, auquel on ne pensait évidemment pas) ou volontairement (on recherche une information particulière). Chaque mémorisation modifie le souvenir. Cette capacité est fascinante avec des traces mnésiques gravées, précises, accessibles mais qui demeurent modulables.
La mémoire à long terme implique la répétition. Quiconque s'essaie à l'apprentissage d'une langue le sait. Toutefois, le fait que l'hippocampe est proche de l'amygdale, qui intervient dans les émotions, explique qu'on peut mémoriser à long terme un fait

unique, sans devoir le consolider, car la charge émotive est nette : la première rencontre ou le premier baiser avec l'être aimé, par exemple.
Des études ont souligné l'importance du sommeil dans les processus mnésiques. La réduction de la mémoire liée à l'âge relève d'une moindre attention mais aussi d'un sommeil déficient. Améliorer la qualité de celui-ci préserve la fonction mnésique. Il existe plusieurs types de mémoires à long terme. Parmi les nombreuses classifications, la suivante a le mérite de la simplicité :
- Les *mémoires explicites* ou déclaratives (à la première personne) : elles peuvent porter sur le passé (souvenir), sur le futur (projets) et sur des aspects sémantiques (culture générale).
- Les *mémoires implicites* qui peuvent être émotionnelles (reconnaître une émotion chez l'autre) ou procédurales (habiletés acquises comme faire du vélo, bricoler, jouer aux échecs…).

Le langage

L'acquisition du langage est guidée par l'organisation du cerveau. Très tôt, l'enfant dispose de capacités à identifier certaines sonorités. Il dispose d'un système capable de générer l'ensemble infini des sons et des phrases d'une langue, acceptables par le locuteur de celle-ci.

Comme l'a montré Noam Chomsky[9], toutes les langues ont des propriétés structurelles similaires qui constituent un genre de grammaire universelle : elles disposent d'une hiérarchie auditive de sons (phonèmes) regroupés en mots, eux-mêmes reliés pour former des phrases et constituer un récit. La capacité langagière a un fondement biologique, contrôlé génétiquement. C'est une *capacité innée* qui s'actualise dans un *contexte acquis*, une potentialité qui se réalise concrètement dans les actes de communication.
Cette capacité existe chez des singes : ils manifestent des réactions de surprise lors de changements de langue en cours d'expérience. Cela n'est pas étonnant : les prédispositions innées

[9] Noam Chomsky, *Structures syntaxiques*, Seuil, 1969

relèvent de structures cérébrales qui doivent se retrouver chez les proches cousins de l'homme.

Avant même l'acquisition du langage, les enfants ont des notions sur ce qui est bien ou mal et disposent de notions morales élémentaires (qu'ils sont incapables d'exprimer mais qui se manifestent par le temps qu'ils consacrent à observer). Ils ont donc déjà, sous forme d'ébauche, des capacités de théoriser, d'attribuer des intentions à des objets ou à des marionnettes, et de former des proto-récits (non verbaux) qui regroupent leurs observations.
Ces histoires implicites leur permettent d'articuler, dès l'âge de 6 mois (avant de marcher et, évidemment, de parler) les données provenant du monde sous forme de récits mentaux.[10] On a démontré que, dès ce stade préverbal, un enfant est susceptible d'assimiler des histoires, leur contexte, et de disposer de notions de justice avec un instinct de propriété qui précède celui d'identité. Mais ils ne disposent pas des mots et symboles utiles pour exprimer leurs connaissances.

L'enfant est un animal narratif. Il apprend sa langue maternelle grâce aux expériences vécues de manière tangible. Certes, les parents et leur entourage leur facilitent la vie en détachant les syllabes et les mots, mais ce sont ces situations concrètes qui permettent l'intuition du langage. Les enfants repèrent des phonèmes récurrents, anticipent leur suite (si la maman dit « bon », il peut, par exemple, anticiper le mot « bonjour » qui est une des occurrences possibles).
Ces données confirment l'intrication entre nature et culture, entre des prédispositions biologiques innées qui autorisent des comportements culturels progressivement acquis, lesquels affectent, à leur tour, la biologie cérébrale en modifiant les circuits neuronaux.

L'intelligence

L'intelligence est une propriété qui juge à ses manifestations. Quand on dit de quelqu'un qu'il est intelligent, chacun comprend

---

[10] Mariano Sigman, *La vie secrète de l'esprit*, Odile Jacob, 2023

ce qu'on veut dire. La notion qualifie un rapport de l'individu au monde. Elle est une propriété du système cognitif, parfois définie comme la capacité à résoudre des problèmes, notion insuffisante. Dans une situation complexe, l'esprit se heurte à une explosion combinatoire : il lui faut résoudre un problème sans en explorer tous les possibles. Comment extraire les informations pertinentes à un contexte donné ? L'intelligence, distincte de l'accumulation de savoirs, transforme les faits en informations, s'en nourrit, les réorganise et en produit de nouvelles, susceptibles d'être échangées avec d'autres.

Autrefois limitée à la seule mesure du QI (quotient intellectuel), elle est de nos jours considérée comme une *aptitude mentale générale* (AMG) qui peut aussi être testée de différentes manières et qui s'avère un excellent prédicteur du niveau professionnel et de la performance future à exercer le métier choisi.

Cette aptitude est à la fois puissance d'apprendre et de retenir (mémoire) et capacité à résoudre des problèmes en mobilisant les connaissances. Mais elle doit être complétée par un caractère consciencieux, la volonté de persévérer, l'ardeur (combativité) dans la poursuite d'objectifs de long terme.

Elle implique un *style cognitif,* capacité d'une réflexion complémentaire pour vérifier les premières intuitions dans le but de les corriger avant d'émettre un jugement, ce qui permet d'éviter les biais cognitifs ou les croyances.

Indispensable à l'intelligence, l'*ouverture active d'esprit,* qui est la recherche proactive d'informations susceptibles de contredire les convictions, de soumettre le jugement à l'épreuve des faits. Cette ouverture ajoute à l'aptitude cognitive générale et au style réfléchi la propension à une pensée attentive, consciente de la notion d'imperfection, prête à se corriger ou se remettre sur le métier, loin des certitudes illusoires.

C'est une compétence qui s'apprend et dont l'enseignement devrait être généralisé pour éviter les écueils des analyses rapides et trop sûres d'elles-mêmes.

La conscience[11]

La conscience est un phénomène naturel relevant d'une longue histoire biologique. Comme prérequis, elle nécessite un être vivant, disposant d'un corps et d'un cerveau (distinction qui constitue une facilité car, en réalité, nous sommes tous des cerveaux-corps). L'enchevêtrement de structures corporelles et neuronales explique le rôle des émotions et des sentiments dans les processus cognitifs. C'est pourquoi la conscience, qui n'est pas réductible à un calcul, échappe, au moins partiellement, à la rationalité pure. La composante corporelle informe, via les sens, maintient les conditions de vie de l'organisme (homéostasie) et autorise les actes nécessaires. Entre perception et action, il y a le cerveau avec ses deux modes de traitement de l'information : des opérations inconscientes et un procédé conscient. Encore ne faut-il pas tomber dans la dichotomie : les frontières entre ces phénomènes sont floues et fluctuantes. On peut définir la conscience comme une « connaissance de certains aspects du monde qui s'accompagne d'un sentiment de soi dans l'acte de connaître ».

Tout organisme est bombardé de stimuli excédant sa capacité à les traiter efficacement. Des chercheurs ont estimé que le cerveau gèrerait 10 millions d'unités informationnelles par seconde, via les sens, flux d'information qui déborde les capacités cérébrales de traitement, limitées dans leurs capacités.

Un système de supervision s'impose, hiérarchiquement supérieur aux processus automatiques qu'il contrôle et peut inhiber : c'est la conscience. Pour apparaître, elle implique l'interaction, pendant un temps suffisant, de réseaux neuronaux situés à distance les uns des autres.

C'est la notion d'espace de travail global qui date de la fin du XXe siècle. Des processus spécialisés, modulaires, subliminaux et automatiques, opèrent en parallèle. Des neurones peuvent s'embraser et, grâce à des prolongements axonaux, diffuser l'information à des aires distantes, notamment pariétales et

---

[11] Pour une évocation des processus scientifiques qui sous-tendent la conscience : Pascal Mespouille, *Dessine-moi une conscience*, op. cit.

frontales, d'où l'apparition d'une expérience subjective unifiée, synthétique et rapportable.
L'accès conscient est contraint par une hiérarchie de processus non-conscients. Parmi ceux-ci, seuls accèdent à la conscience les processus qui, par-delà l'activité des modules spécialisés, recrutent un réseau neuronal suffisamment vaste pour synchroniser des régions associatives.
C'est pourquoi la majeure partie de l'activité est inconsciente, y compris pour nombre d'actes : la prise de conscience constitue un goulot d'étranglement car, en mobilisant l'espace de travail global, elle le rend indisponible pour une autre tâche consciente : l'activité sature la conscience.

L'esprit conscient ne prend en charge qu'une partie du monde mais il peut en parler et la modifier, notamment en inhibant certaines actions. En amont de tout acte, il y a un travail de préparation, non conscient, qui a pu être enregistré. Sans surprise, le lobe frontal importe puisqu'il assure la coordination de régions cérébrales dont certaines sont orientées vers le monde, d'autres vers l'individu (on le verra en évoquant l'aire 10 de Brodmann, au *chapitre 2*).

Ce sont surtout les nouvelles tâches qui mobilisent assez d'aptitudes mentales pour accéder à la conscience. Les tâches répétitives sont reléguées vers des régions fonctionnant en parallèle, moins conscientes. Elles sont impliquées dans des biais liés à la routine.
La conscience crée un espace de synthèse, de maintien d'attention et de partage des données qui autorise un modèle de l'environnement incluant des prédictions qui permettent l'action. Cette connaissance du monde s'accompagne d'un *sentiment de soi*. On pense que les deux aspects sont indissociables et évoluent en parallèle car c'est le même processus qui engendre les deux configurations (c'est toujours un moi qui connait le monde). Toute construction cérébrale est, *in fine*, une représentation égocentrique du monde, suffisante pour une expérience subjective.

4. DISCERNER POUR MIEUX CERNER

D'innombrables biais ont été décrits par les sciences humaines et sociales, psychologiques et économiques. On trouve des glossaires et des ouvrages qui en compilent des centaines mais il importa, avant tout, de connaître ceux qui sont susceptibles de leurrer et de perturber les décisions. Certains sont amplement utilisés par les Big Techs, via les moteurs de recherche : ils captent l'attention et négligent certains choix au profit d'autres options, orientées, qui peuvent avoir, et qui ont, des répercussions pratiques recherchées par ceux qui les distillent.
Plusieurs classifications existent, toutes insatisfaisantes car un même biais peut intervenir dans différents contextes. Nous proposons un classement fondé sur les mécanismes cérébraux sous-jacents.

Le *chapitre 1* évoque la *cohérence associative*, tendance cérébrale à penser en assemblant les concepts. L'esprit élabore ses idées selon les informations disponibles qu'il agrège. L'importance des biais qui en résulte est liée à la mémoire, à l'influence de faits saillants, récents, répétés, bref, à ce qui est pris en compte ou, au contraire, négligé.

Le *chapitre 2* est consacré au *raisonnement.* Ce processus est déjà plus étayé mais il s'avère sensible à d'autres écueils dont les motivations (celles des autres comme de soi-même) et la simplification du monde. Celle-ci, nécessaire, provoque des distorsions du réel qui peuvent nuire aux argumentations les mieux soutenues.

Le *chapitre 3* parle des *récits.* Ceux-ci traduisent le raisonnement mais leur élaboration est source d'erreurs : ce sont les histoires rétrospectives qui ménagent *l'estime*, qui confondent réel et imaginaire pour minimiser les notions de perte ou d'échec. L'amalgame entre la contingence (ce qui est possible ou probable) et la nécessité (ce qui est indispensable ou obligatoire) y est fréquent. Le simple fait de modifier une formulation transforme les conclusions d'une histoire.

Le *chapitre 4* montre comment les récits personnels, une fois confrontés à ceux d'autrui, s'intègrent dans des *jugements.* Ceux-ci relèvent de croyances spécifiques à chaque société. Ils interfèrent avec les histoires individuelles en les inscrivant dans des stéréotypes soumis à une pensée collective. Comme celle-ci évolue, les jugements fluctuent. Contrairement au récit, qui met sur le même pied les interlocuteurs, le jugement crée des hiérarchies. On évoquera aussi le *bruit* du jugement, une variabilité qui n'est ni orientée ni systématique mais tributaire de la personne qui juge. Ce bruit, à partir de situations identiques, produit des réponses différentes donc imprévisibles.

Le *chapitre 5* invoque les carences du cerveau quand il est confronté aux *statistiques*. Des paramètres essentiels comme la représentativité d'un échantillon ou la régression vers la moyenne sont ignorés de la plupart des personnes, contribuant à des biais aussi surprenants que contre-intuitifs. Sauf à recourir à des professionnels, seul un apprentissage soutenu permet d'y échapper.

En guise de *conclusions*, on récapitulera les éléments essentiels et les moyens de limiter l'impact des biais.

Chapitre 1
La cohérence associative et ses biais

Lorsqu'il pense, le cerveau procède par associations : un mot en évoque un autre selon une affiliation qui, pour chacun, semble cohérente. Par exemple, le vocable *citron* suscite des associations qui portent sur d'autres agrumes (orange, pamplemousse...), voire d'autres fruits, ou sur son acidité caractéristique et, par extension, sur d'autres saveurs, ou encore sur sa couleur, sa forme.

Cet enchaînement, qui possède sa logique interne, constitue ce qu'on appelle la *cohérence associative.* Il en résulte une *aisance cognitive,* ce sentiment de familiarité qui incite à croire que les informations véhiculées sont valides pour tout le monde et, pour ainsi dire, véridiques. C'est une erreur car la cohérence dépend, avant tout, de la mémoire individuelle, donc de la subjectivité.

En effet, si on laisse le processus associatif se dérouler librement, les items attendus (agrumes, acidité, jaune...) cèderont la place à des références plus personnelles, liées à l'âge (donc aux époques vécues), au passé de la personne, à la société dans laquelle elle vit.

On pourrait, par exemple, s'étonner de quelqu'un qui associerait le mot *citron* à une voiture car cela ne semble pas, *a priori,* cohérent. Mais la personne a pu posséder une Citroën 2CV dont beaucoup de modèles, dans les années 1960, étaient de couleur jaune, ce que des plus jeunes peuvent ignorer.

Un Nord-Africain pourra associer le mot à une tajine, ce plat du Maghreb qu'il parfume souvent ; un Hindou sera peut-être enclin à évoquer une vie amère, après la mort d'un conjoint, rapprochement culturel qu'un Européen ne fera sans doute pas.

Des éléments biographiques, émotionnels, peuvent aussi se présenter : pour l'un, la couleur jaune sera associée au costume porté lors d'un mariage et qui lui a valu des quolibets, pour l'autre, à la découverte des citronniers dans la baie de Naples qu'enfant, il visitait avec ses parents. Des réflexions rationnelles, éventuellement liées à la pratique professionnelle, peuvent intervenir : un médecin reliera le citron au scorbut, cette maladie liée à une carence en vitamine C que la consommation d'agrume permet d'éradiquer.

Le langage implique, obligatoirement, la cohérence associative : quand on lit ou qu'on entend le mot *table*, cela éveille des images qui sont, certes, légèrement différentes d'une personne à l'autre mais qui, toutes, renvoient à un objet identique sur lequel chacun tombera d'accord, au minimum une surface plane posée sur des pieds.
De la prévisibilité des mots (et des images auxquelles ils renvoient) découle la fluidité du langage, du moins dans la langue maternelle, car elle permet d'anticiper, en partie, la suite des propos de l'interlocuteur. Le dialogue entre proches (en famille ou dans un cadre professionnel) s'en trouve facilité car ils partagent entre eux un vocabulaire analogue. L'intelligence artificielle (IA) a récemment tiré parti de cette probabilité associative : en brassant d'énormes quantités de données, elle est capable d'identifier le mot à venir, qu'elle prédit souvent avec justesse. On s'en étonne, résultant d'une IA, alors qu'elle semble naturelle, venant d'êtres humains.

Des figures de style sont basées sur des associations. Citons :
- La *métonymie*, qui utilise un mot pour un autre, de manière symbolique ou logique. Cela permet habituellement des expressions concises. Mais celles-ci impliquent des connaissances préalables et ne doivent pas être traduites telles qu'elles (chaque langue possède de telles expressions qui concourent à sa richesse, mais aussi à sa difficulté) : dire « Paris a faim » ne prend sens que si le locuteur comprend que c'est le peuple parisien qui est affamé. Affirmer qu'un enfant « a perdu sa langue » n'implique pas qu'il faille la chercher, etc.
- La *métaphore*, basée sur des analogies, relève de la capacité à associer le concret et l'abstrait. On établit une comparaison qui sort l'objet de son contexte : « cet homme est un renard », « la grande faucheuse est à l'œuvre », « il est au printemps de sa vie », « il mange des pissenlits par la racine » en sont quelques exemples connus, à ne pas prendre au pied de la lettre.

Cette cohérence provenant de mots simples aux associations prévisibles (comme le citron), devient ardue avec des mots polysémiques (âme, esprit…) ou dotés de significations variables selon le passé, le statut social, l'environnement. Par exemple, et même si celui-ci véhicule déjà un biais associatif, des associations centrées sur *syndicat* ou *chômeur* varieront selon qu'elles émanent d'un dirigeant d'entreprise motivé, d'un technocrate dans sa tour d'ivoire ou d'un gilet jaune sur un rond-point. Sans parler de mots potentiellement polémiques comme *juif* ou *migrant* qui impliquent des associations culturellement définies et socialement déterminées dont on a vu la dangerosité, quand elles se traduisent en actes.

Le *conditionnement* témoigne aussi de la capacité à associer deux éléments. Le chien du médecin russe Pavlov l'avait appris aux observateurs, en salivant quand une cloche sonnait car il avait apparié un stimulus neutre, non pertinent, à l'arrivée, concrète, de sa nourriture.

Rappelons le rôle majeur des associations dans les processus psychanalytiques, dans le but de faire émerger un conflit psychique enfoui. Le procédé relève de modalités semblables : quand le psy demande « parlez-moi de votre père » (de votre mère, de votre enfance…), il enclenche un processus d'assemblage d'idées et d'images qui débouche sur des éléments prévisibles puis, de plus en plus, autobiographiques. Le même vocable, disons *père,* évoque, chez chacun, des aspects aimants ou absents, compréhensifs ou sévères, une composante protectrice ou violente, etc. Il prend une signification différente chez un orphelin ou un enfant abandonné, selon que le parent est mort jeune ou qu'il est toujours en vie, qu'il est admiré ou décrié. Ces associations constituent la matrice sur laquelle un travail psychique peut éventuellement s'élaborer.

L'associationnisme est relié à l'*empirisme*, approche philosophique qui puise certaines sources chez Locke[12] mais

[12] Locke, *Essai sur l'entendement humain*, Le livre de poche, 2009.

développée par Hume[13]. Celui-ci postulait que l'expérience sensible est à l'origine de toute connaissance. Les informations transmises par les sens, une fois assemblées par le cerveau, fondent les idées.
Hume y décelait une loi fondamentale du fonctionnement de l'esprit. Pour lui, les perceptions relèvent de deux catégories : les *impressions* (externes, via les sens, ou internes, telles les émotions) et les *idées*, qui dérivent de ces impressions lorsque le cerveau les associe.
Ce flux constant de pensées associatives, loin de surgir au hasard, dépend des informations stockées dans la mémoire de l'individu, de l'attention qu'il y porte, mais relève aussi de caractéristiques cérébrales qui ont été postulées par le philosophe : le cerveau privilégie les principes de ressemblance, de contiguïté spatiale ou de succession temporelle.

Les premières catégorisations réalisées par un enfant en témoignent : tout animal qui est dans l'eau est un poisson, tout ce qui vole s'appelle un oiseau. Plus tard, cette approximation sera affinée pour intégrer dauphins, baleines et chauve-souris. La ressemblance précède la discrimination indifférenciée.
La proximité d'objets dans l'environnement incite à les réunir, à les considérer dans leur ensemble, pour transformer le chaos des impressions en idées d'un monde organisé. La contiguïté exprime aussi la différence et la singularité des objets. Un espace qui contient des objets est construit par l'enfant : espace senti, puis perçu dans ses dimensions et enfin conçu. C'est ainsi qu'émerge la conception adulte d'un réceptacle tridimensionnel homogène et continu.
Quant à la succession temporelle, elle permet d'unifier des événements distincts comme l'éclair et le bruit du tonnerre, lors d'un orage. Ainsi s'expliquerait, pour le philosophe, la relation de cause à effet : c'est une *idée* formée par le cerveau à partir de l'expérience sensorielle. La causalité ne se trouve ni dans le monde ni dans les sens mais dans l'interaction entre le monde et le cerveau. Les neuroscientifiques actuels en sont d'accord.

[13] Hume, Traité de la nature humaine, Livre I : L'entendement, Garnier-Flammarion, 1995.

Ces quelques exemples soulignent l'importance de ce processus associatif dans le fonctionnement mental. Loin d'être libre, il est conditionné par la génétique (ce que révèlent les sens du monde environnant varie d'une espèce à l'autre), par le passé individuel et par les principes cités par Hume. Par ailleurs, les associations sont tributaires de la *mémoire* et surtout de l'*attention*.

1. L'ATTENTION SÉLECTIVE

L'*attention sélective* est, on l'a vu, la capacité à se focaliser sur un point pertinent tout en négligeant les autres. En bonne partie acquise, elle varie beaucoup d'un individu à l'autre. Elle implique aussi la capacité à résister à la distractibilité (et aux tentations, comme l'a démontré le test de la guimauve). Se concentrer est une activité absorbante, que le système automatique tentera d'éluder. Comment procèdera-t-il ?

Si on demande à une personne de réaliser des associations sur le mot *avion*, sa capacité viendra de son *expérience* passée dans ce domaine : a-t-elle souvent voyagé avec ce mode de transport ? Fréquenté les aéroports ? Férue du domaine aéronautique, elle sera incollable pour mentionner les différents types d'avions et leurs caractéristiques, là où d'autres ne citeront que quelques marques connues : Airbus, Boeing… Ces derniers seront par contre sensibles à un accident récent ou évoqueront le 11 septembre et le crash des avions sur les tours jumelles.

L'aisance avec laquelle une personne se souvient d'un élément dépend :
- Des *expériences* antérieures et des centres d'intérêt ;
- De la *récence* d'un fait (qui s'est produit il y a peu de temps) et de sa *saillance* (le fait qu'il dépasse significativement la moyenne des faits similaires) qui contribuent toutes deux au biais de disponibilité ;
- De la *répétition*, responsable du biais homonyme.

En agissant sur ces paramètres, on minimise l'effort requis.

Le biais de disponibilité

Le biais de disponibilité témoigne de la facilité à trouver des exemples logés en mémoire. La spontanéité avec laquelle un élément vient à l'esprit entraîne sa validation implicite.

Exemples :

Un requin est-il plus dangereux qu'un chien pour un enfant ?
Beaucoup répondent par l'affirmative car la presse mentionne les (rares) accidents en mer impliquant des requins (d'où la disponibilité de ces annonces dans l'esprit).
Or, les chiens tuent 20 fois plus d'enfants que les requins. Le biais a orienté le raisonnement : la certitude sur la dangerosité du squale n'incite pas à chercher d'autres informations.

Une balle magique voyageuse
Cette technique est utilisée par les magiciens pour distraire, par une réponse facile, les doutes de leur public.
Par exemple, l'un d'eux tient une balle dans la main gauche et, par un mouvement rapide, semble la faire passer dans la main droite (alors qu'elle reste coincée, invisible, dans la gauche). Il souffle sur sa main droite pour faire disparaître une balle qui ne s'y trouve pas. Il présente sa main droite, vide, au public. Mais celui-ci peut avoir gardé des doutes légitimes sur la présence réelle de la balle dans la main gauche.
Le magicien désigne alors, avec sa main droite, un pot métallique posé à distance sur la table, présent depuis le début du tour (et qui contient déjà une balle, ce que personne n'a évidemment pu vérifier). Il renverse le pot et la balle *disparue* semble apparaître. Le spectateur, distrait, laisse le prestidigitateur empocher la balle gardée dans sa main gauche. Il adhère car il privilégie la réponse rapide, facile et fausse, qui lui vient à l'esprit : quel extraordinaire tour !

Le biais de disponibilité fait croire qu'on peut déduire une idée générale à partir de quelques cas particuliers, ce qui fait dire à

Bronner[14] qu'il est un dérapage, parmi d'autres, de la logique inductive.

Le raisonnement inductif part de données brutes, observables, pour en déduire une explication. Il est faillible. Cicéron écrivait déjà[15] : « L'induction, en nous faisant convenir de choses évidentes, tire de ces aveux le moyen de nous faire convenir de choses douteuses, mais qui ont du rapport avec les premières ».
L'induction incite à généraliser sur le fait que tous les cygnes sont blancs mais cela reste une quasi-certitude qu'un seul contre-exemple ruine. Mais le problème de l'induction est souvent qu'on s'abstient d'autres démarches qui pourraient modifier la réponse. Au contraire de l'induction, le raisonnement déductif, de nature scientifique, construit une représentation du réel qui constitue une théorie. Il énonce ensuite les expériences permettant de valider le modèle (ou de le réfuter). La confrontation de l'hypothèse au monde réel témoigne de la pertinence, du modèle, donc de sa validité. C'est évidemment une opération mentale plus complexe.

Le biais est aussi à l'œuvre, au quotidien, lorsqu'on a l'impression, que ce soit au travail ou en famille, d'*en faire plus* que les autres. La mémoire se souvient plus aisément des actes qu'elle a posés que des efforts réalisés par les autres ! *A contrario*, elle se remémore facilement un manquement chez l'autre (« tu oublies constamment d'éteindre les lumières en partant » ou « c'est toujours moi qui dois vider le lave-vaisselle », etc.).
Un exemple isolé est aisé à avancer et ne prouve rien. Celui qui utilise l'expression « c'est toujours moi qui » l'applique peut-être à un point précis, éventuellement véridique (c'est *effectivement* moi qui éteins les lumières) mais néglige d'autres occurrences (c'est l'autre qui vide les poubelles).
Pour éviter que cette distorsion ne nuise aux relations, il suffit parfois d'en discuter. En établissant la liste des tâches effectuées par chacun, et leur fréquence, on risque de constater que

---

[14] Gérald Bronner, *Cabinet de curiosités sociales*, PUF, 2018.

[15] Cicéron, *De l'invention oratoire*, FB Editions, 2014.

l'asymétrie est moindre que soulignée : certes, les deux dernières fois, j'ai vidé le lave-vaisselle mais tu passais l'aspirateur. Cette façon de procéder dégonfle beaucoup de griefs.

La perte d'aisance cognitive qui surgit lorsqu'on multiplie les exemples concrets minimise les affirmations péremptoires. Dans le cas contraire, l'objectivation d'une réelle asymétrie concrétise un problème mais permet aussi d'envisager les solutions à lui apporter.

Ce biais est dépendant des éléments **récents** qui ont été fournis.

Exemple :

La lettre manquante
Des étudiants suivent un exposé portant sur des oiseaux. A la fin de la conférence, on leur suggère un jeu en leur demandant de compléter un mot dont il manque une lettre : PA-N ; ils seront enclins à répondre : PAON.
Mais si, avant le jeu, l'orateur leur glisse : « J'espère que vous n'avez pas trop faim car j'ai débordé sur le temps de midi ; je vous propose un petit jeu », les étudiants auront tendance à compléter différemment : PAIN.

Le biais de disponibilité est exploité pour provoquer la peur, grâce à l'effet de *saillance* d'un incident. La couverture médiatique, orientée par des lobbys financiers, déforme la vision du monde en jouant sur les émotions.
On se sert d'un événement marquant, même rare, pour exiger des mesures exceptionnelles, à titre individuel ou collectif, afin de s'en prémunir. Mais le risque zéro n'existe jamais.

Exemple :

Y-a-t-il plus de décès accidentels ou secondaires à des accidents vasculaires cérébraux ?

80% des personnes pensent que les morts accidentelles sont plus fréquentes que les accidents vasculaires cérébraux, alors que ceux-ci tuent deux fois plus !

Est-ce important ? Oui, car le biais de disponibilité, en insistant sur le fait que les avions (ou les requins) constituent un énorme danger pour le public, engendrent des pressions politiques afin de renforcer la sécurité, déjà élevée en aéronautique, au détriment de mesures plus utiles dans d'autres domaines (prévention des accidents vasculaires cérébraux ou réformes relatives à la possession de chiens dangereux).
Celui qui procure l'information en tire souvent un bénéfice, direct ou indirect, ce que la presse a compris. Elle utilise les faits divers les plus croustillants pour accroître ses ventes. Elle privilégie les titres chocs qui amplifient la disponibilité mentale : « Pourquoi une guerre nucléaire *pourrait* être imminente ? » et multiplie les effets d'annonce ambigus qui, par curiosité, occupent du temps de cerveau : « Ce qu'a vraiment dit le tueur en série aux policiers qui l'ont arrêté. »

Cette appétence inutile pour le fait divers utilise l'effet de saillance, y compris en dehors de la peur. On connait le goût des gens pour les situations conflictuelles, pour le sexe, les informations égocentrées, et l'indignation verbale. Sociologues et psychologues ont étudié les échanges sur Internet et amplement confirmé ce fait[16].

De nombreuses publicités utilisent ce travers : quand on affirme que 75% des maisons présentent des risques d'incendie liés à des circuits électriques défaillants, à qui cette information (dont il faudrait identifier la validité) profite-t-elle ? A une assurance qui cherche à faire souscrire un contrat. Pourquoi ne pas commencer par demander à un électricien de vérifier la sécurité réelle de l'installation avant de céder aux sirènes de la crainte. L'appréhension rationnelle des risques (notamment en cas de

[16] Voir, par exemple : Gérald Bronner, *Apocalypse cognitive*, PUF, 2021.

faibles probabilité) ne doit pas être confondue avec la peur qu'on tente de distiller.

Le biais de répétition

Le second travers lié à la cohérence associative est le biais de répétition. Tous les étudiants savent que répéter favorise la rétention. Napoléon aurait affirmé que « la répétition est la plus forte des figures de rhétorique. »
Chacun est sensible à des stimuli connus qui donnent une impression de sécurité. C'est confondre la familiarité et la vérité. Dans une certaine mesure, la confiance est associée à une part d'ignorance. C'est encore et toujours la publicité qui tire parti de l'adage : « Plus on vous répète quelque chose, plus vous y croirez ». Le rabâchage d'un fait, même erroné, par le marketing favorise l'adhésion non consciente à des produits ou à des valeurs.
Cette technique fut exploitée, dès l'antiquité, notamment par Caton l'Ancien (234-149 avant notre ère) qui terminait ses discours en disant « Il faut détruire Carthage » jusqu'à ce que cela devienne une évidence pour ses contemporains, jusqu'à la destruction effective de la cité phocéenne.

Au XXe siècle, cela donne la *propagande* théorisée par Edward Bernays[17], neveu de Freud émigré aux États-Unis, dans son livre homonyme écrit en 1928. Il y donne des conseils pour manipuler les masses à leur insu, en suscitant de faux savoirs et de prétendues controverses. Cette approche crée une inertie par le doute et l'inquiétude. Loin d'apporter des informations, elle crée de l'ignorance. Elle détourne l'attention en proposant de fausses alternatives.

On attribue au tristement célèbre ministre allemand de la propagande Joseph Goebbels la phrase selon laquelle un mensonge répété mille fois se transforme en vérité. La maxime est probablement apocryphe mais force est de constater que son utilisation consciente de la tromperie a incité nombre de ses

---

[17] Edward Bernays, *Propaganda, Comment manipuler l'opinion en démocratie*, La découverte, 2007.

contemporains à accepter l'intolérable. Une société entière a adhéré à son message dans un contexte politique manipulé dont les institutions contrôlaient l'idéologie.
Des études ont montré qu'on a tendance à conférer une signification positive à des mots connus : on relie des noms de marque à des ambiances véhiculées par leur publicité, qu'il s'agisse de corréler un chewing-gum à une ambiance détendue ou une bière à la virilité ou une valeur sportive. Qu'importe l'invraisemblance puisque ça marche. En situation concrète, par exemple en effectuant ses courses, on se sert, de manière automatique, de produits connus plutôt que de les comparer. L'exposition régulière à un stimulus y accoutume. Ensuite, l'habitude rassure et crée une routine sécurisante.

Cela vaut aussi en éducation et en politique. Des écoles peuvent véhiculer des messages déformés que le cerveau immature d'un enfant incorpore d'autant mieux qu'on les distille avant que son esprit critique ne soit développé. En politique, des récits préparatoires sont utilisés pour distiller, sournoisement mais sciemment, certaines idées dans l'opinion publique. Ces techniques sont loin d'avoir disparu. Par la répétition, elles assènent des propos non fondés avant de feindre de leur trouver une confirmation plus proche de la prophétie auto-réalisatrice que de la vérité.

Exemples :

Élection de Trump en 2017.
Avant les élections, on le voyait littéralement partout… A force de se proclamer différent des autres politiciens, il a fini par convaincre une frange importante de la population…

Élections américaines en 2021.
Plus Trump et ses partisans répétaient que la victoire de Biden était truquée, plus les Américains étaient enclins à le croire ! Ne dit-on pas qu'il n'y a pas de fumée sans feu ?

Front national
Une affiche du Front national affirmait : « Un million de chômeurs, c'est un million d'immigrés de trop ».

Information simple, lisible, souvent répétée : trois éléments propices à favoriser l'aisance cognitive.
L'information apparaît comme une évidence alors que la réalité des faits, plus complexe, nécessite une analyse approfondie que peu de personnes réaliseront.

L'*infobésité,* qui voit le même événement inlassablement répété sur toutes les chaînes de télévision et les médias informatiques, parfois tous les quart d'heure, constitue une perte de temps et une source de distractibilité. Tous les moyens sont bons pour capter l'attention ou la maintenir sur des écrans, afin de conserver l'audimat et les recettes associées. Un fait divers insignifiant déplace caméras et journalistes et fait l'objet de commentaires émis à chauds par de prétendus experts. Des informations contradictoires sont distillées sans que cela émeuve : l'événement dont on parle est, peut-être, une attaque terroriste, à moins que ce ne soit un suicide. L'individu était isolé mais on cherche ses complices...
On noie l'essentiel, encore méconnu dans le superflu, si possible anxiogène car le seul but est de garder l'attention du spectateur ou de l'auditeur, en remplissant, inlassablement, les vides de ces émissions prolongées par des interprétations dont la pertinence est rarement avérée. Ce procédé dilue la connaissance utile dans le détail vain tout en privilégiant l'émotion et la curiosité malsaine. Distinguer la pertinence de la redondance est indispensable et c'est pourquoi il faut être circonspect quand on est soumis à une exposition excessive, surtout en provenance de sources d'information limitées.

On pouvait espérer que la multiplication des réseaux sociaux éviterait ce biais. Or, non seulement l'élargissement de l'offre ne s'est pas accompagnée d'une amélioration qualitative (bien au contraire) mais les *algorithmes* exploités par ces mêmes réseaux nous piègent par le biais de filtres opaques utilisés par les moteurs de recherche. Les responsables tentent de les justifier en affirmant, sans rire, que c'est pour proposer un choix pertinent en fonction des recherches antérieures qui témoignerait des réels centres d'intérêt. Qui n'a été confronté au message : « Ceux qui

ont acheté le livre que vous avez sélectionné ont aussi été conquis par ces ouvrages-là… » ?
L'idée semble louable, inspirant un choix éclairé face à la pléthore éditoriale. Mais elle risque, avant tout, de masquer les motivations commerciales sous-jacentes de maisons d'édition aux moyens financiers conséquents ou aux services de marketing efficaces. Quiconque fréquente les librairies constate la priorité donnée à quelques éditeurs et à quelques auteurs médiatisés, donc rentables. On peut envisager, sans sombrer dans la paranoïa, que cela se déroule au détriment d'autres maisons d'édition et écrivains qui proposent un panel de livres sortant des sentiers battus.

Concrètement, ces filtres enferment dans des choix faits par d'autres, avec des motivations méconnues. On opposera qu'il suffit d'ignorer de telles propositions. Mais, même écartées, elles restent susceptibles de nous influencer, comme l'a prouvé le biais de répétition : croisant l'ouvrage en librairie, l'impression de déjà-vu pourra favoriser l'achat.

Ce même procédé s'applique à d'autres domaines.
Ne prenons qu'un exemple, celui des avis relatifs à la qualité des restaurants : qui les rédige ? Des mécontents ou des aigris ? Chacun sait qu'il est plus facile de se plaindre que de féliciter. On a parfois pu prouver que des commentaires critiques virulents ne provenaient pas de personnes ayant mangé dans le restaurant dont elles déplorent la qualité. Au demeurant, nul ne mentionne les critères sur lesquels ces avis se fondent. L'un peut privilégier le prix quand un autre met l'accent sur la qualité des mets ou sur l'accueil. On comprend dès lors que les avis puissent diverger.
Si les avis gastronomiques présumés s'avèrent, *in fine*, sans grande conséquence sur l'avenir de leur lecteur, qui se forgera sa propre opinion, il n'en va pas de même dans des domaines sensibles comme la santé. Si chacun peut se croire disciple compétent de Bocuse (quoique…) et autorisé à émettre son opinion, qui peut prétendre avoir un avis autorisé en matière d'épidémiologie ou de médecine, à l'exception de quelques spécialistes du domaine ? Même à ce niveau, des divergences

légitimes coexistent et c'est le principe même de la méthode scientifique.
Confronter et discuter des opinions dissemblables entre spécialistes dont l'autorité en la matière est reconnue par leurs pairs relève de l'intelligence de la situation et contribue à faire progresser le débat.
Mais que penser des avis *médicaux*, malheureusement largement suivis par une armée de followers, alors qu'ils proviennent d'individus incompétents ou que des intérêts particuliers, parfois bien cachés, influencent ?

> *Exemple :*
>
> *Êtes-vous pro ou antivax ?*
> On sait que tel acteur ou tel joueur de tennis a déjà choisi son camp et donné son avis, relayé par des millions de *followers*.
> Où est-il inscrit que la compétence, réelle, dans le domaine artistique ou sportif, confère le moindre discernement dans le monde scientifique ? Il s'agit d'un autre biais, celui de halo, examiné plus loin.
> Il faut toujours se méfier d'annonces proférées par des personnes dont le prestige est étranger au sujet sur lequel elles se prononcent.
> Car, dans le même temps, un médecin correctement formé et informé qui tenterait de défendre l'efficacité du vaccin risque d'être accusé de promouvoir les intérêts de firmes pharmaceutiques.

Un scepticisme raisonnable est indispensable. L'esprit critique doit traquer les incohérences. Il est peu probable qu'une nouvelle surprenante soit diffusée par le biais des réseaux sociaux (qu'il s'agisse d'un traitement efficace contre la maladie d'Alzheimer ou d'une percée majeure concernant la maladie de Charcot, par exemple).
Soit l'information est fausse, diffusée par des incompétents ou des malhabiles, soit (plus probablement) elle sert des intérêts spécifiques, orientant vers des thérapeutiques non prouvées.

Dans tous les cas, elle risque de donner de faux espoirs à des patients et à leur entourage quand ce n'est pas de gaspiller leurs ressources en pure perte. S'adresser à un professionnel du domaine concerné permet d'éviter bien des déboires.

En bref :

Le biais de disponibilité est une erreur qui ***privilégie****, ou surestime, certaines informations immédiatement disponibles en mémoire, avec* ***une composante émotionnelle*** *qui valide des croyances peu étayées au détriment de recherches plus pertinentes.*
Se poser les bonnes questions peut l'amenuiser : quelles informations ont influencé mon aisance à répondre ? En quoi ont-elles modifié ma décision ? Qui a diffusé (ou amplifié) ces bruits et qui en tire un bénéfice ? Dois-je vraiment souscrire telle assurance couvrant un risque faible ou consacrer ce montant à majorer une assurance santé plus utile ?
Dois-je perdre un temps précieux à glaner sur le Net des informations inessentielles, et leur kyrielle de commentaires anonymes, au lieu de le consacrer à des livres ou des revues pour des sujets qui me passionnent et qui me fourniront des réponses plus étayées ? L'apparente gratuité des informations ne garantit ni leur qualité ni leur validité. On sait qu'elles servent avant tout à obtenir des données de l'internaute et ses centres d'intérêt qui seront lucrativement exploités.
Le biais de répétition consiste à ***croire*** *des informations parce qu'elles ont été souvent lues ou entendues.*
Des sources fiables, sélectionnées en amont (et non pas subies comme c'est le cas dans des lieux publics ou via des sites informatiques qu'on nous propose voire qu'on nous impose) permettent de le limiter. La ***qualité*** *doit l'emporter* ***sur la quantité****. Ces sources, variées pour éviter le biais de disponibilité, ne seront pas trop nombreuses (risque d'infobésité). Il est inutile de les consulter souvent : un savoir avéré ne se modifie pas si rapidement !*
Diversifier les sources implique d'en discuter des personnes dont nous ne sommes pas proches, qui risquent d'être exposées à des

biais similaires aux nôtres, au risque de confirmer ce qui n'est qu'une croyance (on le verra au chapitre 2).

<u>Du point de vue neurologique</u>, les biais de disponibilité et de répétition dépendent du ***noyau hippocampique*** *responsable de la mémorisation. Ses capacités mnésiques sont limitées : il faut donc veiller à ne pas le submerger par de l'inessentiel et à préserver ses qualités de mémorisation, entre autres par un sommeil de qualité comme par l'évitement de substances toxiques.*

2. L'AMORÇAGE

Les associations mentales, loin d'être spontanées, sont sensibles à ce qu'on appelle l'*amorçage* : on est influencé, de manière excessive, par la première information acquise sur un sujet, quel qu'il soit. Pour des valeurs chiffrées, on estime cet effet à 30% ! Ici, ce sont surtout les émotions qui interviennent, et non la seule mémoire. Depuis des décennies, les neuroscientifiques ont souligné les relations étroites entre le corps et l'esprit, loin de tout dualisme. Damasio[18] a démontré que, dans les contextes complexes, ce ne sont pas les processus rationnels qui font défaut mais l'incapacité à choisir l'option la plus avantageuse en écoutant ce que les émotions et les sentiments nous enseignent.

Kahneman[19] a, le premier, attiré l'attention sur ce qu'il a appelé l'*effet Floride* (du nom de cet état américain habité par une population plus âgée que la moyenne, car attirée par son climat). Il a demandé à des étudiants de construire des phrases à partir de mots tels « ride, Floride, oubli, chauve, gris… » Un autre groupe recevait les mêmes consignes avec des mots neutres qui n'évoquaient pas la sénescence ou le grand âge. Notons que le mot *vieillesse* n'apparaissait nulle part. Dans un second temps,

---

[18] Antonio Damasio, *L'erreur de Descartes*, Odile Jacob, 1994 ; *Sentir et savoir*, Odile Jacob, 2021.

[19] Daniel Kahneman, *Système 1/Système 2, Les deux vitesses de la pensée*, op. cit.

pour un prétexte futile, on invitait les étudiants à se diriger vers une autre salle située à distance de la première. Sans qu'ils le sachent, le but du test était de chronométrer le temps mis pour y aller : les étudiants du premier groupe en mettaient davantage.
Les pensées relatives à la vieillesse, distillées dans les listes, avaient suffi pour *amorcer*, de manière inconsciente, un comportement (démarche plus lente). Preuve qu'on pense aussi avec son corps. Interrogés après l'expérience, les étudiants ont confirmé n'avoir pas perçu l'amorce (rapport avec la vieillesse) et, encore moins, leur lenteur lors du déplacement.

Cette influence des idées sur une action a pour corollaire l'influence contre-intuitive inverse, à savoir le rôle d'une action sur une idée. Dans le cadre d'un prétendu contrôle de qualité, on demandait à des sujets de tester des écouteurs pour évaluer leurs propriétés. On précisait à la moitié des testeurs qu'ils devaient bouger la tête négativement (sous le prétexte fallacieux que les écouteurs présentaient un défaut dans cette situation) et à l'autre moitié d'opiner verticalement du chef (pour les mêmes raisons). Dans le premier cas, l'évaluation a, de manière *systématique*, été moins bonne. Le mouvement de la tête modifiait l'évaluation sur la qualité de l'écouteur !
Dans une autre expérience, des étudiants devaient juger de la qualité de dessins humoristiques. Préalablement, on leur avait demandé de tenir un crayon en bouche (sous le prétexte trompeur de ne pas influencer, par un sourire, les autres étudiants de l'expérience). Dans une moitié du groupe, ce crayon était placé horizontalement entre les lèvres, entraînant une mimique forcée de sourire ; dans l'autre moitié, le crayon était maintenu du bout des lèvres, pointé vers l'avant, contribuant à une mimique évocatrice de moue. *Invariablement*, le premier groupe estimait les dessins plus comiques. La simple manière dont un crayon était placé en bouche modifiait les appréciations humoristiques.

Que penser, dès lors, de l'influence des symboles qui nous entourent, crucifix, portraits royaux ou présidentiels placés dans les tribunaux ou les mairies (ou, dans les États autocratiques, les figures dictatoriales omniprésentes dans les lieux publics). Sans omettre les signes extérieurs d'appartenance à certains groupes (avec leurs traductions codées : voitures prestigieuses, montres luxueuses et vêtements de marque pour les uns, tatouages et piercings pour d'autres…).

Dans tous les cas, des *modifications corporelles* (internes ou externes) ou des *symboles* (externes) orientent les comportements en générant des émotions. Celles-ci sont des phénomènes inconscients qui témoignent de ce qui se passe dans le corps mais qui induisent des modifications comportementales observables.
Par contre, comme on l'a vu au *chapitre 1*, les sentiments, seconds, attestent de l'intégration de ces émotions par la conscience. L'image du monde est modifiée par ces représentations. Elles sont susceptibles d'enclencher ou de transformer des convictions et, au moins potentiellement, des actes. D'où l'importance de l'amorçage, reconnu et utilisé depuis des siècles, avant d'être récemment identifié comme générateur d'un biais cognitif pernicieux, celui d'ancrage.

Le biais d'ancrage

Le biais d'ancrage est une erreur majeure de la pensée : la première information dont on dispose plombe la raison. S'éloigner de cette impression initiale est difficile et suscite des émotions. Comme le disait un humoriste, dans un autre contexte, on n'a pas deux fois l'occasion de faire une *première* bonne impression : c'est une excellente définition de l'ancrage.
Ce qu'on appelle l'*ancre* (c'est-à-dire l'information initiale, le premier chiffre, l'événement originel) fixe la pensée (sur une donnée, une communication, une étude ou un nombre) et empêche le recul. Toute amorce, en devenant l'équivalent inconscient d'une référence implicite, peut bouleverser un raisonnement ultérieur.
C'est flagrant dans la sphère économique. Tout chiffre, même aberrant, peut constituer une ancre. Dans des ristournes proposées, le prix barré qui s'affiche constitue une ancre. Rares sont ceux qui vérifient sa véracité. Dans les limites du raisonnable, avec ce travers, plus on en demande, plus on peut obtenir. D'où l'importance d'être le premier à définir un prix.

Exemples :

Vendre une maison (1)
Chacun sait que le premier prix importe : quand vous visitez un bien, et que vous l'estimez, disons, à 250.000 €, dites-le avant que le vendeur annonce le sien, par exemple 450.000 € qui risque de constituer une ancre que vous négocierez à la baisse mais qui vous incitera à proposer d'emblée plus que les 250.000 estimés.
C'est le principe de tout troc. Si, dans un souk, vous voulez acquérir un bijou dont la valeur réelle est de 10 €, attendre que le marchand en propose 50 vous incitera à démarrer à 15 €, ce qui fera perdre à l'arrivée.

Vendre une maison (2)
Si on vend une maison à 248.500 €, les acheteurs potentiels proposeront probablement un prix plus proche de vos souhaits qu'en demandant 250.000 €. En effet, dans ce cas, on a l'illusion que la négociation peut se faire par tranches de 10.000 € (et on proposera 230 ou 240.000) alors que dans le premier cas, la transaction à la baisse envisagera des réductions qui se chiffre en centaines d'euros, en suggérant, par exemple, 245.800 €).

Limiter le nombre d'articles qui peuvent être achetés
Des études ont montré qu'une affiche qui stipule « prix exceptionnel limité à 12 exemplaires » (qu'il s'agisse de boîtes de soupe, de céréales, de langes…) suffit pour augmenter les ventes ; des personnes qui n'auraient acheté que 3 boîtes, s'en procurent 6 voire 12, persuadées de réaliser une excellente occasion.
Chacun pense que cette limite a pour but d'empêcher des acheteurs prédateurs de dévaliser le stock et cherche à en profiter.

L'effet d'ancrage ne se limite pas à des estimations chiffrées mais intervient dans de nombreuses situations, comme l'a encore souligné Kahneman[20] avec l'effet Gandhi.

---

[20] Daniel Kahneman, *Système 1/Système 2, Les deux vitesses de la pensée*, op. cit.

Exemples :

Effet Gandhi
On demande à des personnes à quel âge est mort Gandhi ? Si on se limite à cette question, chacun fournit une réponse approximative, selon les connaissances qu'il en a.
Mais si l'interrogateur suggère une réponse absurde « A quel âge est mort Gandhi ? Est-ce à 20 ans ? » ou, à d'autres personnes, « A quel âge est mort Gandhi ? Est-ce à 110 ans ? », leur réponse sera influencée par l'amorce. Avant de donner leur réponse, les premiers penseront que 20 ans est trop jeune, les seconds que 110 est trop âgé. Toutefois, les études ont montré que, dans un tel cas, le premier groupe fixera l'âge de sa mort autour de 50 à 55 ans et le second 85 ans.
Pour les curieux : 78 ans est la bonne réponse.

Cet « effet Gandhi » vaut pour toute question sur laquelle les connaissances sont, souvent, approximatives, ce qui est évidemment fréquent. Par exemple, quel est le nombre d'habitants en Turquie ? Selon qu'on suggère une ancre de 30 millions ou 300 millions, la réponse variera de 60 à 150 millions (pour un nombre réel d'environ 86 millions).

Valeur calorique d'un plat
Des informations lues en premier lieu (par exemple le nombre de calories d'un plat, obligatoire dans certains états américains) possèdent un effet d'ancre : les restaurateurs s'arrangent donc, dans ces états américains où l'information est légale, pour qu'elles soient à droite des plats.

Des historiens ont souligné que ce biais intervenait dans certains spectacles[21]. Sous couvert d'authenticité, on propose une scénographie qui s'ancre dans le passé grâce à des éléments illusoires relevant d'un imaginaire collectif (« nos ancêtres les gaulois »).

---

[21] Florian Besson, Pauline Ducret, Guillaume Lancereau, Mathilde Larrère, *Le Puy du faux*, Les Arènes, 2022.

Les sources historiques ne sont évoquées que pour servir le récit fantasmé des événements, attendu par les spectateurs : des scènes grandioses distillent une cohérence factice alors que les représentations sont tronquées.
Cet ancrage se double d'un biais de répétition qui privilégie la grandeur d'un passé révolu, obligatoirement grandiose, servant à d'autres fins que celles de la réalité historique.

Exemple :

La bataille des Éperons d'or
Cette en 1302, a vu la victoire inattendue de milices communales flamandes l'armée féodale de France de Philippe le Bel.
Oubliée pendant plusieurs siècles, elle a surgi comme récit héroïque témoignant de la vaillance des Belges avant d'être récupérée par des mouvements flamingants et indépendantistes.
Pourtant, ce fut une bataille sans lendemain car, deux ans plus tard, le roi prendra une revanche retentissante qui annulera les effets de celle tant célébrée par les Flamands.

Ce type de récit rassure en réduisant le cadre à ce qui plait, non à la réalité historique. En outre, les stéréotypes facilitent la compréhension et la mémorisation. Certes, on rétorquera que les spectateurs savent qu'ils assistent à une mise en scène et pas à un cours d'histoire.
Mais pourquoi cela doit-il excuser un manque de rigueur intellectuelle ? La réponse est qu'on privilégie, par paresse, un système automatique prompt à adhérer à des trames narratives naïves, plutôt que de solliciter un système réfléchi qui serait plus critique, rendant le spectacle moins satisfaisant.
On pourrait multiplier les exemples, y compris dans des domaines inattendus, comme la sphère juridique : aux Etats-Unis, on a montré que des jugements pouvaient être influencés par des effets d'ancre qui prennent des formes aussi variées que

la météo, le résultat sportif d'une équipe locale ou celui d'un simple lancé de dés[22].

> ***En bref :***
>
> *Le biais d'ancrage, très fréquent au quotidien, peut, en outre, avoir des conséquences majeures, par exemple lors d'achats importants. Pour s'en prémunir, il faut* ***se renseigner*** *avant toute négociation ou à prendre du recul avant de donner une réponse. On doit toujours* ***s'interdire de répondre à une ancre*** *(par exemple, un prix trop élevé) par une ancre plus basse non validée par une réflexion préalable. S'informer est exigeant mais indispensable, surtout pour des enjeux majeurs. Si le prix proposé est trois fois trop élevé, une contre-proposition à 50% est déjà pénalisante. Faire la moitié du chemin n'est pas négocier mais abdiquer.*
> *Des propositions trop avantageuses (vous avez gagné 1.000€) éveillent des réponses émotionnelles. C'est d'ailleurs leur but exclusif, souvent recherché, de manière malhonnête, pour court-circuiter la réflexion.*
> *La* ***prise de recul*** *est également indispensable quand on tente d'imposer des délais brefs nuisibles à la réflexion.*
>
> *<u>Du point de vue neurologique</u>, le* ***noyau amygdalien****, par les émotions qu'il suscite, est sensible au biais d'ancrage et il est difficile d'en éluder le mécanisme si ce n'est par une anticipation et une réserve qui témoignent de capacités frontales inhibitrices. Celles-ci sont susceptibles d'être apprises et développées par l'éducation, ce qui évitera des déboires.*

3. L'HEURISTIQUE D'AFFECT

La cohérence associative, influencée par la mémoire, l'attention et l'amorçage, peut aussi être mise en défaut par une forme de

---

22 Daniel Kahneman, *Système 1/Système 2, Les deux vitesses de la pensée*, op. cit.

paresse mentale : confronté à une question complexe, le cerveau a tendance à lui substituer une interrogation similaire quoique plus accessible. C'est le principe même d'une heuristique dont on a vu, dans l'*Introduction*, qu'elles sont des méthodes pour résoudre un problème sans en analyser toutes les composantes mais en le confrontant à des situations similaires connues.
Une interrogation comme « Êtes-vous heureux de votre vie ? », nécessite une réflexion intégrant d'innombrables paramètres. Elle risque d'être, inconsciemment, remplacée par « Suis-je heureux maintenant ? », qui autorise une réponse plus rapide mais qui esquive la question réelle. Les deux explications peuvent coïncider (oui, je suis globalement heureux de ma vie *et* de mon présent) mais pas nécessairement. Même globalement satisfait de sa vie, on répondra différemment dans certains contextes (avant une intervention chirurgicale, lors du décès d'un proche). Dans ces moments difficiles, les émotions influenceront sans doute négativement la réponse.

La *question simplifiée*, influencée par les émotions, s'inscrit dans un temps rétréci. C'est ce qu'on appelle l'*heuristique d'affect* qui consiste à répondre rapidement à une question ou à décider émotionnellement au détriment de la raison. C'est une faute associative et une erreur du jugement (voir le *chapitre 4*).
D'autre part, on confère souvent une appréciation positive à ce qu'on aime et négative à ce qu'on n'aime pas. On donne raison à un ami, même quand il a probablement tort. On réfute, sans l'examiner, une proposition intéressante qui provient d'une personne qu'on estime peu. Cette attitude n'est pas sans danger. Des éléments subjectifs se trouvent intriqués avec des options qu'on croit rationnelles alors qu'elles perdent cette qualité dans l'amalgame. La cohérence recule devant le ressenti, dégradant la capacité à prendre de bonnes décisions.

Le biais de substitution

Le biais de substitution traduit ce glissement. Les associations d'idées relatives à la question simplifiée développent une vision du monde élémentaire, stable mais inexacte, tributaire du contexte immédiat et des émotions actuelles. Le temps de la réflexion et les informations disponibles pour décider sont réduits par cette substitution qui apporte une réponse partielle, souvent insuffisante, donc de faible valeur.

<u>Exemple</u> :

Investissement
Un banquier avait demandé à un investisseur qui avait massivement investi dans des actions Ford les raisons de son choix. Ce dernier avait répondu qu'il adorait les voitures de cette marque et qu'il appréciait donc l'idée d'en posséder des actions. C'est une répartie affective, mais qui élude tout raisonnement économique. Prosaïquement, c'est répondre à côté de la plaque mais la réplique de l'investisseur témoigne des phénomènes inconscients de sa décision.

Au quotidien, ce biais est pervers : une personne prend une décision qu'elle sait inadéquate, sous prétexte qu'elle pourra changer de comportement ultérieurement. Elle remplace de la sorte une réflexion au long cours concernant sa santé par un manque de prudence, au présent.

<u>Exemples</u> :

Tabac et cancer
Quand une personne commence à fumer, elle n'intègre pas le risque qu'elle prend pour sa santé car elle est influencée par les argumentations orientées des compagnies de tabac, par la pression du groupe social.
Seuls comptent à ce moment l'image personnelle et le phénomène de groupe. La perception du risque ne sera prise en considération que plus tard et les changements de comportement qu'elle exigera génèreront les difficultés connues concernant tout sevrage.

Régime et tentation
Une personne en surcharge pondérale sait qu'elle doit veiller à son alimentation. Mais, passant devant une boulangerie, elle cède

à la tentation en se trouvant une excuse : je craque aujourd'hui, mais je ferai un effort demain ; ou je peux me permettre cet écart car j'ai beaucoup marché ce matin.

Stress et achats
Des personnes en situation de stress achètent compulsivement en pensant compenser (comme leur plaisait le bonbon qu'elles recevaient, enfants, pour les soulager d'un petit chagrin).
Ces achats impulsifs, inutiles, ne modifieront guère leur état. En ne pensant qu'au présent, elles se leurrent.

En privilégiant le court terme et en donnant priorité aux plaisirs immédiats, on confond le *plaisir* et le *bonheur*, plus réfléchi. L'environnement commercial, économique et social cherche à confondre les deux notions, sachant qu'on résiste difficilement à l'impulsivité de la première.

En bref :

Simplifier une question complexe est tout sauf simple !
Trop schématiser entraîne le risque de dévier de la rationalité en négligeant de nombreux facteurs qui pourraient être pertinents et en donnant trop de poids à l'état émotionnel présent. La réponse rapide évite qu'un doute légitime s'insinue dans la réflexion mais masque la ***méconnaissance du problème****.*
Pour éviter ce biais, la meilleure option est de ***structurer*** *la question, c'est-à-dire la* ***décomposer*** *en entités plus simples. En segmentant, on garde un contrôle rationnel sur chaque partie (alors qu'en simplifiant, on en vient inévitablement à ignorer de nombreux paramètres). Fractionner n'est* ***pas exclure la composante émotionnelle****, inévitable, mais permet d'en comprendre le rôle exact et de l'intégrer dans le raisonnement : l'équilibre entre impulsivité et réflexion est souvent difficile à trouver mais est indispensable pour être capable d'identifier et d'anticiper les problèmes à venir.*

Du point de vue neurologique, *le* **noyau accumbens** *est à l'œuvre. On a vu, dans l'Introduction, qu'il se situait entre les noyaux qui régulent l'action (striatum) et ceux du système limbique qui génèrent les émotions. Indispensable à la motivation et à la prise en compte de la nouveauté, il minimise les risques quand il n'est pas contrebalancé par le système exécutif frontal qui peut corriger les réalisations en cours en intégrant de nouvelles informations. Le système exécutif est toujours tributaire de l'éducation pour être efficace.*

Que retenir de la cohérence associative et de ses biais ? Le cerveau procède, de manière automatique, par des associations d'idées. Celles-ci lui permettent de connaître l'essentiel de ce qui peut lui être utile au quotidien, dans des contextes simples. L'efficacité de ce mécanisme y est largement démontrée. Il en va de même dans les contextes compliqués ou les réflexes professionnels dûment acquis réduisent les risques : la répétition des gestes permet leur efficacité, les techniques récentes sont connues et les points sensibles maîtrisés.
Les associations s'avèrent plus aléatoires dans des contextes complexes car elles sont influencées par leur disponibilité mnésique (hippocampe) et le contexte émotionnel (amygdale). Dans ce cas, certains faits saillants, récents ou répétés, sont surreprésentés, provoquant les biais correspondants.
Les émotions interviennent via leur sensibilité aux premières informations (biais d'ancrage) et, en s'amalgamant de manière peu consciente avec des processus rationnels, elles interfèrent et minimisent le risque réel (biais de substitution).

Pour tous les biais liés à la cohérence associative, quelques conseils s'imposent : procéder à une analyse préalable approfondie permettra de relativiser la disponibilité des informations et de ne pas adhérer, trop rapidement, à une impression de sécurité ou de confiance, ce qui minimise l'ancrage et la substitution.

Les associations de pensées constituent un premier niveau, antérieur à toute argumentation étayée. Elles dépendent surtout de noyaux situés dans les profondeurs cérébrales (hippocampe, amygdale, noyau accumbens) plus ou moins limités par le système exécutif. Elles ne suffisent pas, en elles-mêmes, à constituer un raisonnement valide, fondé sur d'autres critères et paramètres mais, en même temps, sensible à d'autres égarements qui constituent l'objet du chapitre suivant, consacré au raisonnement et à ses biais.

Chapitre 2
Le raisonnement et ses biais

La cohérence associative constitue un enchaînement d'idées, encore peu structurées, à partir d'images ou de mots. Mais d'autres mécanismes s'y greffent dont la *causalité.*
Celle-ci est un autre nom pour désigner le rapport de cause à effet : un événement en entraîne un autre, qui en est la conséquence. Dans les mêmes conditions, les mêmes causes produisent les mêmes effets.

C'est un des premiers *raisonnements,* appris dans la prime enfance, basé sur la rationalité du monde et sur la constance de certaines de ses lois qui le rend prévisible. Très vite, l'enfant sépare la *causalité physique* (un objet qu'il lâche tombe vers le sol) de celle, *volontaire*, liée à un agent extérieur (le parent qui « remonte » l'objet depuis le sol).
Or, le câblage neuronal, façonné par des millions d'années d'expérience, privilégie la causalité intentionnelle. Pour d'évidentes questions de survie, il est préférable d'identifier des agents extérieurs, potentiellement dangereux, et de leur attribuer des intentions (bonnes ou, surtout, mauvaises). C'est ce qu'on appelle l'*intentionnalité.*
Cette ouverture au monde est indispensable mais porte en germe un problème : percevoir des intentions là où il n'y en a pas, c'est risquer de découvrir un *sens* qui est pourtant absent.
Certains raisonnements peuvent paraître irréprochables tout en étant erronés car contaminés par des a priori implicites (non remis en question). On se réfugie derrière l'expérience ou l'évidence, mais celles-ci sont parfois des alliées de l'erreur : n'est-il pas évident que le soleil tourne autour de la terre ou que celle-ci semble plate ? Le sens commun l'admet sans réserve.
Mais, à l'inverse, vérifier tous les a priori est fastidieux voire obsessionnel. Au quotidien, c'est une attitude impossible à mettre en œuvre systématiquement.

Le système automatique ne doute pas, contrairement au système réfléchi qui, alerté, envisage diverses perspectives et teste des alternatives. Par défaut, l'esprit cherche, coûte que coûte, à attribuer un sens ou une intention à ce qu'il observe. Il préfèrera toujours un but fictif à l'absence de sens. Or, déceler une signification n'implique pas qu'elle soit véridique. Le doute doit accompagner tout raisonnement pour éviter de croire plutôt que de savoir.

1. LA CAUSALITÉ

Au début d'un raisonnement, il y a la recherche des faits. Cette démarche, nécessaire, doit demeurer objective : on peut la comparer à une enquête policière. Le détective avisé réunit les indices, leur trouve une corrélation (un lien effectif, une correspondance entre eux) et il peut, de ce fait, découvrir le coupable, avec un effet de dévoilement (« Bon sang, mais c'est bien sûr ! »). Celui-ci, sur base d'indices confondants, donne une cohérence à des faits disparates.
Toute autre est la démarche de celui qui cherche cabales et conjurations, partout et toujours, assemblant des faits hétéroclites pour y trouver du grain à moudre. Cette procédure était autrefois laborieuse, impliquant du temps et de l'énergie à la recherche d'indices. Cela limitait les dérives. Tout a changé avec l'informatisation. Les réseaux sont hypermnésiques : plus aucune information ne se perd. En fouillant, au gré des propositions des moteurs de recherche, on tombe toujours sur des faits surprenants, des photos inattendues, des postures de personnalités, des phrases prononcées, *in tempore non suspecto*, par de futurs hommes politiques.

Il a fallu des années pour qu'on perçoive tous les dangers de cette disponibilité totale et immédiate. Aujourd'hui encore, nombreux sont ceux qui en sous-estiment le péril. Hier, les photos privées n'étaient partagées qu'avec les proches. Les diffuser présentait un coût. Trouver d'éventuelles pellicules compromettantes relevait d'un travail fastidieux.

Aujourd'hui, un clic suffit pour les mettre à disposition de tous. Chaque jour, ce sont des millions de photographies qui sont déversées sur les réseaux. On a pu imaginer que la difficulté, quoique inversée, persistait : comment retrouver un cliché ou un portrait parmi les millions qui sont postés chaque semaine ou chaque mois ? Mais les programmes d'identification de visages y arrivent fort bien, sans effort.
Dès lors, tout est possible, surtout le pire, comme les multiples exemples relatés par la presse dite people le démontrent à l'envi. On associe une photo d'adolescence où la personne ciblée porte un déguisement nazi, dans le contexte d'un bal costumé. On souligne ensuite son appartenance transitoire à un cercle estudiantin marginal qui défendait des thèmes hétéroclites, connotés à droite. Enfin, on éructe quelques banalités pour établir que cette personne a toujours été, *à l'évidence*, un néo-nazi convaincu.

Au nom de la transparence, on sort l'information au bon moment, ne serait-ce que le jour où ladite personne postule à certaines fonctions. Cela permet d'enflammer les réseaux avec une indignation qui se veut légitime alors qu'elle n'est que perfide. Sans mentionner les trucages qui transforment des photos pour leur donner une apparence qu'elles n'ont jamais eues.

Autre confusion : étendre à l'intégralité d'un groupe l'erreur d'un de ses membres : qu'un député commette un dérapage, on en déduit qu'ils sont « tous pourris » ; qu'un médecin abuse de la sécurité sociale, on retient que *tous* les praticiens sont mercantiles, et les ingrédients du *buzz* sont en place.
Hier, on attribuait les malheurs ou incidents à l'intention de quelque divinité. Aujourd'hui, on incrimine le système (une abstraction), une collectivité (l'Etat, le pouvoir) ou encore un groupe ciblé (les riches, les élites). Une telle *interprétation intentionnelle* confond le fortuit et le volontaire, déviation qu'on incorporera, ultérieurement, dans un récit captivant.

On constatera aussi que certaines sphères semblent échapper à toute critique : les montants faramineux touchés par certains sportifs ne sont pas remis en question, certaines compétences autoproclamées de gourous ou d'influenceurs sont rarement questionnées. Il en va de même pour les procédés manipulatoires des entreprises des Big Tech qui, via leurs moteurs de recherche aux attributs opaques, captent impunément d'innombrables informations, sans respecter l'individu ou la collectivité.

Le biais d'intentionnalité

Le biais d'intentionnalité propose une grille de lecture attractive, basée sur des stéréotypes faciles à mémoriser (les méchants riches seront toujours opposés aux bons pauvres, les politiciens corrompus confrontés à des citoyens vertueux, les flics véreux aux dealers sympathiques). Cette simplification outrancière croit percevoir une vérité dans une situation complexe. Les effets d'amplification des moteurs de recherche et des réseaux accroissent la mise à disposition de certains faits, la répétition des dépêches leur confère une vraisemblance (voir *chapitre 1*). La manipulation des sources augmente la crédibilité d'une conclusion autrement improbable. Chaque argument pris séparément est douteux mais le faisceau d'indices convaincra.

Ces *théories du complot,* qui prolifèrent, ne sont pourtant pas nouvelles. On en rapprochera de multiples fantasmes historiques comme l'histoire des Templiers (et leur fameux trésor, toujours à découvrir), celle de Jeanne d'Arc (impliquant une curieuse intervention divine contre les Anglais plutôt qu'en privilégiant une approche basée sur des interventions humaines). On peut aussi citer le Protocole des sages de Sion, texte inventé de toute pièce dans la Russie des tsars en 1903 pour dénoncer un plan de conquête du monde par les Juifs et les Francs-maçons. Ce texte, qui a contribué à l'antisémitisme et dont les thèses sont démontées depuis plus d'un siècle, a connu un renouveau grâce à certains sites, négationnistes, le présentant comme véridique, avec les déductions qu'on peut deviner.
Plus proches de notre époque, la théorie affirmant que les Américains ne sont jamais allés sur la lune ou celle selon laquelle John Kennedy a été assassiné par la CIA, ou encore les théories fumeuses, mais répandues, relatives à la pandémie de Covid-19 et sa vaccination.

Un même mode opératoire est à l'œuvre dans ces présentations : des forces occultes, aux moyens impressionnants, manipulent les événements à leur seul profit, avec des intentions nuisibles pour les victimes. Le monde du complot est binaire avec les méchants (les autres) et les gentils (son propre groupe d'appartenance). Heureusement, cette épouvantable machination a été dévoilée par des investigateurs autoproclamés du Web qui ont repéré des contradictions voire de réelles preuves ignorées des services de renseignement (quand cela ne constitue pas la preuve de leur implication dans le complot). Le moindre soupçon se transforme en évidence à diffuser largement. Ces génies des réseaux découvrent ainsi des explications qu'ils estiment logiques à des situations inextricables et font (enfin !) éclater « La » vérité, qui n'est que leur vérité mensongère.

La recherche de sens qui sous-tend cette démarche est liée à une *illusion de maîtrise* sur les événements. Son but est de capter l'attention en angoissant et, souvent, d'en tirer des bénéfices secondaires. On pourrait se résigner en estimant que seuls des crédules adhèrent à ces idioties. Mais le ver est dans le fruit et la fausse information permet de poser d'autres questions : pourquoi dépenser des milliards pour financer la Nasa ? Comment faire confiance à une institution "nuisible" comme la CIA ? Pourquoi accepter un vaccin "nocif" qui servira pour m'injecter des puces 5G ?

Certes, de véritables complots ont existé mais leur révélation est rarement le fait d'une personne isolée. Au contraire, fruit d'une enquête souvent longue, leur divulgation émerge, progressivement, de doutes émis par divers protagonistes. Le Watergate, affaire d'espionnage politique qui a provoqué la démission du président Nixon, est l'œuvre de deux journalistes du Washington Post, aidés par une douzaine d'autres, par des informateurs et des sources policières. L'enquête a impliqué des semaines de travail.

Relayés par des informations parues dans d'autres journaux, les faits ont été révélés en fonction de découvertes successives (coups de téléphone, transferts d'argent). Nous sommes loin

d'une révélation subite qui aurait été orchestrée par quelque quidam inspiré.
Plus récemment, c'est la ténacité de nombreuses personnes, de journalistes et de scientifiques notamment, qui a permis de prouver le rôle cancérigène du tabac, connu des cigarettiers et de déjouer leurs manœuvres dilatoires et complotistes.

Les théories du complot, même les plus farfelues, ne sont pas exemptes de danger : en désignant un ennemi, elles alimentent des discriminations vis-à-vis de certains groupes qui sont explicitement désignés (les Juifs, les homosexuels…). Elles suscitent la méfiance à l'égard des autorités, retardent la mise en place d'actions ou de stratégies. Pour revenir sur l'exemple de la pandémie et de sa vaccination, la vraie question, avant de désigner un coupable (Bill Gates ou la Chine), n'est-elle pas de définir les moyens de s'en protéger ? Et la vaccination, même avec ses parts d'inconnues, était bien le meilleur moyen d'y arriver.

Dans le cadre d'autres *fake news*, on observe le travers dit du *sophisme dit de la vertu supérieure des opprimés*, expression du logicien britannique Bertrand Russell[23].
Affoler la toile en répandant des photos et des vidéos pour faire le buzz donne souvent la priorité aux attentes morales de certains par rapport à la véracité des faits. Les vidéos peuvent être fausses, ou parcellaires : on montre quelques secondes d'une violence policière vis-à-vis d'une personne handicapée. Après analyse, il apparaissait que la scène, filmée dans son intégralité, prouvait que l'homme handicapé avait enfreint la loi et avait lui-même agressé les policiers, leur lançant sa prothèse. Mais, ce qui circulait sur la toile était la suite du récit : des policiers molestant une personne innocente et lui arrachant ses prothèses.
Même dans des cas moins caricaturaux où on filme l'intégralité d'une scène, le sophisme fonctionne : un chauffard qui refuse d'obtempérer à un policier est, pour les internautes, *a priori* innocent. Inutile d'attendre les résultats de l'enquête car l'attente

[23] Bertrand Russell, *Unpopular Essays*, Routledge, 2009

morale et les représentations du bien et du mal l'emportent sur tout élément factuel.
Ce sophisme, dénoncé par Russell dès 1937, stipule qu'un faible agressé par des puissants est *automatiquement* dans son droit. Cet amalgame donne raison à la victime avant toute analyse. C'est, à l'évidence, inexact, et dangereux.
Certes, il faut écouter les victimes, ce qui a parfois été négligé, mais le fait de se présenter comme « victimes » ne leur donne pas raison *de facto* ni n'empêche une analyse objective des faits. De même, si le présumé coupable a un statut social supérieur, cela ne doit lui conférer aucun droit mais n'en fait pas non plus un délinquant. Les multiples exemples recensés par la presse *people* sont suffisamment éloquents pour ne pas s'y attarder, ni les relayer en les citant. On se contentera de souligner qu'elles témoignent d'une accentuation de l'état de victime, réelle ou présumée, qui constitue une des conséquences nuisibles de ce biais.

C'est ce qu'on appelle la *cancel culture,* au sens d'une ostracisation d'un individu particulier, dénoncé publiquement par les réseaux. C'est, souvent, un règlement de compte, qui joue sur l'urgence présumée (le manque de recul, à nouveau), une analyse rapide, factuelle, émotionnelle, évoquant un tribunal instantané plus qu'une démarche cadrée, juridiquement valide, parfois lente, certes, mais qui donne la parole aux protagonistes, à distance de l'émotion produite et sans céder aux premières apparences comme sans innocenter les coupables réels, quels qu'ils soient.
Ce sophisme pousse à débaptiser des rues ou à déboulonner des statues, au mépris de l'histoire et de sa complexité. Trop de régimes tyranniques et intégristes ont pratiqué des autodafés. Il ne faudrait pas qu'une telle culture contraigne les démocraties à imiter ces régimes. Respecter sans réserve les revendications victimaires mène au chaos : célébrer la diversité des points de vue ne doit pas tenir lieu d'unique raisonnement.
Il faut, aussi, reconnaître les règles et obligations de chacun et accepter les décisions de la majorité. Ce sont les fondements du régime démocratique que les réseaux sociaux n'ont ni le droit ni la légitimité à ignorer.

Ce biais d'intentionnalité et les théories du complot qui en découlent, s'expliquent par une approche qui privilégie un monde simplifié, proposant des intentions où il n'y en pas. Ces raccourcis réconfortent, avant tout, les faibles se contentant de ces stéréotypes éculés qu'ils préfèrent au monde réel, plus insécurisant. Un raisonnement simpliste, mais faux, apaise leurs peurs et autorise un exutoire propice à des actions écervelées : casser des vitrines et brûler des transports en commun devient la solution aux frustrations. Que celui qui comprend lève le doigt. L'ignorance de ces mouvements de foule est entretenue par ceux qui les manipulent, le plus souvent pour d'autres raisons (politiques notamment, ne serait-ce que pour déstabiliser).

Gérald Bronner[24] explique que les personnes ou les groupes qui amplifient ces théories du complot ont l'impression de vivre dans un environnement hostile qui ne leur permet plus d'agir ; ils perdent le contrôle de leur vie. Les intentions fantasmées apparaissent plus sécurisantes que l'arbitraire des événements et leur permet de maintenir une illusion de contrôle.
La conscience des innombrables possibles que propose le monde moderne, avec leurs avantages, mais aussi leurs inconvénients (souvent passés sous silence), déborde le système automatique S1 dont les capacités d'anticipation et de prévisibilité sont désuètes, d'où l'anxiété.
D'une manière générale, dans les sociétés démocratiques, le destin de chacun est ouvert, alors qu'il est fermé dans les sociétés traditionnelles et les dictatures. Ce point positif engendre un taux de frustration accru, comme l'a montré Tocqueville[25], il y a près de deux siècles, dans ses observations de la jeune république américaine. Réaliser son destin et assouvir ses propres ambitions entraîne, en contrepartie, une insatisfaction accrue quand on échoue. Quand on incrimine le destin, on peut se réfugier derrière les excuses faciles (la faute à « pas de chance »).

---

[24] Gérald Bronner, *Cabinet de curiosités sociales*, op. cit.

[25] Alexis Tocqueville, *De la démocratie en Amérique*, Garnier-Flammarion, 2023.

Ici aussi, un scepticisme méthodologique est indispensable : non une suspicion stérile qui interpelle des savoirs vérifiés sous prétexte qu'ils demeurent incomplets, mais une réflexion qui stabilise les connaissances sans les fixer dogmatiquement. L'intelligence dubitative interroge les faits et précise leurs limites. Elle accepte que certains savoirs soient, au moins temporairement, soustraits au doute grâce aux preuves qui les sous-tendent. Suspendre son jugement est, dans ces cas, la seule position raisonnable, ne serait-ce que pour prendre le temps de vérifier les informations (celles qui nous plaisent comme celles qui nous importunent). Cette démarche éviterait que les récits se répandent sans vérification. Mais raison et désir se télescopent et les gens décident de croire l'option qu'ils désirent.

La causalité est souvent confondue avec la *corrélation illusoire*. Ce sont deux concepts qui fluctuent parfois dans le même sens, mais pas toujours, d'où des problèmes d'interprétation.
La *corrélation* est une notion statistique qui mesure à quel point deux variables sont reliées. Elle est tributaire du fait qu'un même facteur (A) va influencer la survenue d'autres événements (B, C…), ce qui n'implique pas que ces derniers soient effectivement reliés : quand il pleut (A), on voit plus de personnes avec un parapluie (B) et les essuie-glaces des voitures marchent (C), ce qui n'implique pas que les parapluies soient responsables du fonctionnement des essuie-glaces.
La corrélation illusoire est la tendance à considérer des variables concomitantes comme reliées par un rapport de causalité. Cela provient notamment d'un phénomène appelé inférence asymétrique : les gens jugent que la phrase « Tom est lourd parce qu'il est grand » est plus juste que « Tom est grand parce qu'il est lourd » alors que les deux variantes de taille et de poids ne sont pas reliées par un coefficient de causalité.

La *causalité*, par contre, implique une relation effective entre un facteur (A) et un élément (B), l'inverse n'étant pas vrai : la prise excessive d'alcool (A) rend plus maladroit (B). Mais la maladresse ne témoigne pas nécessairement de la prise d'alcool. Pour parler de causalité, des conditions doivent être remplies dont une corrélation, certes, mais aussi une explication basée sur

une théorie plausible et/ou une séquence temporelle vérifiée (« quand tel virus touche un individu, telle maladie se produit après tel délai »).
La *corrélation illusoire* intervient dans les superstitions ou les croyances populaires. On la trouve dans les proverbes et les préjugés. Pour peu qu'une coïncidence semble confirmer les croyances initiales, celles-ci s'en trouvent renforcées sans être davantage fondées.

<u>*Exemples :*</u>

Mourir, mais où ?
On observe, statistiquement, que 60% des gens meurent à l'hôpital. Faut-il, pour réduire la mortalité, supprimer les hôpitaux ? Il y a une corrélation (les données fluctuent dans le même sens car ce sont les gens les plus malades qui se rendent à l'hôpital) mais aucune causalité (le fait d'aller à l'hôpital ne favorise pas celui de mourir !)

Coup de soleil
On constate, empiriquement, qu'on vend plus de lunettes de soleil quand la pharmacie délivre des crèmes contre les insolations : faut-il y voir une corrélation ou une causalité ?
Les crèmes solaires provoqueraient-elles des problèmes visuels ?
Evidemment, ce n'est pas le cas : il n'y a aucune relation de cause à effet car c'est un autre élément qui provoque les deux phénomènes, à savoir le soleil.

Maints récits humoristiques créent des corrélations illusoires : une personne peut affirmer que dormir tout habillé donne mal à la tête, ce qui semble absurde.
Une explication existe pourtant : quand la personne rentre ivre chez elle, elle n'a pas le courage de se déshabiller et, le matin, elle s'en aperçoit tout en constatant son mal de tête !
Les théories complotistes, sans surprise, confondent allègrement les deux notions : tel président s'est rendu en Chine peu avant

l'apparition de la pandémie : voilà qui est suspect ! Internet regorge de telles supputations basées sur cet amalgame.
Le biais d'intentionnalité confond le fortuit et le volontaire, sur base d'une interprétation erronée de la causalité (en questionnant la volonté de l'autre). L'illusion de compréhension qui en résulte est tellement puissante qu'elle constitue une source de satisfaction (pour le système automatique) et qu'elle élude, de ce fait, les éléments rationnels du système réfléchi.

Le biais d'autocomplaisance

Le biais d'autocomplaisance, proche du précédent, ne porte pas sur l'intentionnalité d'autrui mais sur soi-même. Il ménage l'estime de chacun. Les gens attribuent leurs réussites à leurs qualités mais imputent leurs échecs à des facteurs extérieurs. Ce manque de lucidité explique pourquoi on ne se considère jamais responsable d'une situation qui a dérapé.
On s'exempte de toute implication en se déchargeant sur les circonstances (c'est la faute à pas de chance) ou sur autrui, dans le plus pur style infantile : « Ce n'est pas moi, Monsieur, c'est lui ». Ou, adapté dans un style dit adulte : « J'ai réussi car je suis génial, j'ai échoué car des supérieurs incompétents ont ignoré mes remarques ou mes alertes ».
Ce biais en dit long sur la perception que chacun a de lui, sur sa tendance à valoriser sa personnalité et à considérer comme partagés les éventuels points négatifs. Pour soi, préventivement, on imagine les risques d'échec et, vis-à-vis des autres, on les devance en insistant sur le contexte morose, la crise persistante. Bref, on anticipe l'éventuel échec à venir.

C'est ce qu'on nomme, depuis le livre de Scott Adams, illustrateur américain de bandes dessinées, le principe de Dilbert[26].
La qualité majeure d'un chef, c'est sa capacité à s'attribuer le mérite des choses qui se font toutes seules. Autrement dit, on affecte les personnes les moins compétentes à des postes où elles sont moins susceptibles de nuire, dont les fonctions de chef et d'encadrement. Un employé compétent, indispensable au poste

[26] Scott Adams, *Le principe de Dilbert*, Editions générales First, 1997.

occupé, ne sera pas promu alors que, par autocomplaisance, la personne surclassée pourra se glorifier de son titre de chef. Comme le dit Adams, « les plus incompétents sont systématiquement promus aux postes où ils se révèlent le moins dangereux, l'encadrement ». Propos caustique qui en dit long sur l'ego de chacun et sur sa relation aux autres.
C'est une variante humoristique, quoique distincte, du principe de Peter[27] qui stipulait que tout employé s'élève à son niveau d'incompétence. Ici, le professeur canadien attire l'attention sur certains dangers liés aux promotions internes : si une compétence avérée entraîne une promotion, ce n'est qu'une fois arrivé à son stade d'inaptitude que l'employé stagnera.
Il faudrait toujours dissocier les compétences professionnelles des aptitudes humaines et organisationnelles. Dans le cas contraire, pour préserver l'estime de chacun, on aboutit à des structures hiérarchiques peu valides où chacun est victime du biais d'autocomplaisance (mais aussi de confirmation : je monte dans la hiérarchie, ce qui confirme mes compétences réelles). Avec un autre péril : moins apte, la personne risque de privilégier le biais du statu quo (ou d'inertie), détaillé au *chapitre 3*.

Celui qui refuse d'endosser sa responsabilité passe pour un hypocrite aux yeux des autres, qui ne sont pas dupes, et esquive toute réflexion sur ce qui s'est passé, avec le risque de récidiver dans des circonstances semblables.
Ne jamais se remettre en question, attitude répandue, est une preuve d'orgueil. Elle aveugle, en laissant croire qu'on a plus de maîtrise sur les événements que cela n'est le cas. Rien de plus toxique que des personnes à la confiance autoproclamée de leur valeur, toujours excessive.

Exemples :

Un jeu de société
Dans la plupart des jeux de cartes, qui dépendent, au moins partiellement, du tirage, le gagnant a tendance à dire « Ah !

[27] Laurence J. Peter, Raymond Hull, *Le principe de Peter*, J'ai lu, 2018.

Qu'est-ce que je suis fort ! » alors que le perdant annoncera : « Je n'ai pas de chance aujourd'hui ! »

Réussite scolaire (1)
Un élève obtenant de bon résultats scolaires s'estimera intelligent mais, pour peu qu'il rate, ce sera lié à un enseignant incompétent !

Réussite scolaire (2)
Un professeur dont beaucoup d'élèves réussissent brillamment l'attribue à ses qualités pédagogiques. Pour justifier l'échec des autres, il affirme que c'est lié à leur paresse ou leur médiocrité.

On en revient à cette notion fondamentale, énoncée dès l'introduction, à savoir que chacun est persuadé d'avoir raison et de prendre, quasi toujours, de bonnes décisions : seul un incroyable concours de circonstances peut enrayer ce processus. Ce biais est relié à la *confiance* et à l'*estime de soi* qu'il ménage. Il varie selon l'âge, le niveau intellectuel, les réussites, les échecs passés et la culture ambiante. Inconscient, comme tous les biais, il évite la culpabilisation car il propose un récit qui donne le beau rôle à l'individu qui s'en réclame. Pourtant, à y réfléchir, survaloriser les causes externes et éviter la remise en cause altère toute possibilité d'évolution. Admettre qu'on est responsable de sa vie et de ses choix est une option courageuse qui évite la stratégie de l'autruche et permet de s'engager dans d'autres solutions et, par la lucidité dont on a fait preuve, d'amplifier son impact sur les autres.
Comment mesurer cette confiance ? Quand il décide, le cerveau engendre inconsciemment une conviction, qui est une croyance en la justesse de son choix, responsable de l'assurance affichée par rapport à l'avenir.
Les psychologues évaluent le degré de confiance (ou son contraire, l'hésitation) en demandant de placer, sur une échelle graduée de 0 à 10, le niveau d'assurance (entre 0, doute absolu, et 10, confiance maximale).
Il est à noter que la sagesse populaire oscille en proposant des dictons opposés : une personne hésitante dira « un tiens vaut

mieux que deux tu l'auras » alors qu'une personne confiante n'hésitera pas à effectuer un pari sur son choix (faire d'une pierre deux coups).
Mais les neurosciences ont découvert une signature neuronale de ce sentiment : les personnes qui ont confiance en elles ont davantage de connexions dans leur lobe frontal (notamment une aire, appelée aire 10 de Brodmann) qui est connectée au lobe préfrontal et à des structures qui fournissent des impressions corporelles. Une meilleure capacité à écouter son corps expliquerait la confiance en soi et en ses décisions (sans que cela constitue toutefois une garantie future).

En bref *:*

Le biais intentionnel ***attribue à autrui une intention,*** *souvent hostile, même quand les preuves manquent ou sont ambiguës.*
Avant de s'alarmer devant une théorie complotiste, un tri basé sur la recherche des sources permet d'écarter de fausses pistes. Quelle est la compétence de celui qui a diffusé l'information ou les documents ? A-t-il des qualifications avérées dans le domaine en question (il peut être excellent dans d'autres sphères, d'où sa visibilité, sans que cela suffise dans ce cas) ? Est-il reconnu par ses pairs ? Les documents sont-ils validés par des institutions reconnues ou proviennent-ils d'une obscure organisation ? Le texte est-il nuancé ou inutilement virulent ? Factuel ou exalté ?
Le principe de parcimonie (dit rasoir d'Ockham) consiste à chercher le minimum de causes pour expliquer un événement. Un phénomène naturel, même improbable, sera préféré à l'intervention d'extra-terrestres ou de lois physiques inconnues.

Le biais d'autocomplaisance donne trop de poids aux ***circonstances*** *pour justifier l'échec et aux* ***compétences*** *personnelles pour expliciter la réussite.*
Or, un échec n'est pas synonyme de bêtise ou d'incompétence et doit aussi être étudié. Envisager les causes alternatives d'un revers peut, au contraire, améliorer l'expérience qu'on en tire.
Il faudrait d'ailleurs réfléchir aux causes d'un succès, ce qui est une attitude rare. Car une réussite peut n'être due qu'à un coup de chance. Le savoir évitera de se reposer sur des lauriers peu

mérités et d'appliquer la prétendue recette du succès à des situations où elle sera nuisible.
Demander conseil à un ***tiers compétent*** *est utile : il donnera un avis neutre sur les causes réelles (de l'échec comme de la réussite). Cette relativisation pondère les responsabilités respectives des intervenants, sans que cela remette en question leur personnalité ou nuise à leur* ***estime de soi****.*

Du point de vue neurologique, ces biais relèvent de l'hippocampe, de l'amygdale, mais aussi du système limbique impliqué dans l'évaluation émotionnelle des événements susceptibles de nuire à l'estime de soi. L'éducation, familiale et scolaire, intervient pour limiter les solutions magiques ou la facilité au détriment de l'étude rigoureuse.

2. L'ERREUR FONDAMENTALE D'ATTRIBUTION

Quand il s'agit de définir un comportement d'autrui qui a perturbé, on énonce fréquemment des hypothèses sur les raisons qui l'ont motivé. Or, cela peut s'avérer difficile par manque d'information. La personne qui a bousculé un passant dans la rue est-elle malpolie ou quelqu'un qui a une bonne raison d'être pressé ? L'*erreur fondamentale d'attribution* (aussi appelée erreur d'attribution fondamentale) consiste à expliquer le comportement de cette personne par une cause *interne* (liée à sa personnalité) plutôt que par le contexte (une situation particulière qui n'est pas connue). Elle se produit chaque fois qu'on assigne une mauvaise raison à un comportement. Dans les faits, on pourrait surestimer le contexte mais, dans ce cas, c'est plutôt l'inverse qui se produit. Le cerveau, coincé entre son adhésion à la causalité et sa recherche de sens a besoin d'une explication. En prêtant à l'autre des intentions (superficielles) plutôt que de lui accorder d'éventuelles bonnes raisons, on le catalogue sans savoir. On simplifie pour favoriser la prévisibilité du monde : c'est le biais d'internalité.

Le biais d'internalité

Ce biais privilégie des *caractéristiques internes stables* (des traits de personnalité, comme la compétence et le courage, ou des intentions comme la malveillance) plutôt que d'envisager une *cause externe, situationnelle ou contextuelle*. En psychologie naïve, les explications internes paraissent toujours plus simples, ce qui est faux.

L'erreur d'attribution s'accentue quand on n'apprécie pas la personne (son groupe d'appartenance, genre, nationalité, âge…) ou que la situation vis-à-vis d'elle est compliquée. Plutôt que d'envisager qu'elle subit certaines contraintes, on privilégie une explication basée sur son caractère ou des intentions cachées. Cette attribution faussée complique les relations sociales.

Exemples :

Excès de vitesse

Un conducteur roule à toute allure et chacun de s'exclamer : « quel chauffard ce gars, il est complètement fou » ; mais peut-être avait-il de bonnes raisons d'agir ainsi, un accouchement imminent de son épouse ou un autre problème médical. Première erreur.

Pour peu que s'y surajoute un stéréotype (femme au volant, étranger, grosse cylindrée…), et le biais se déploie dans toute sa splendeur.

Un couple de mauvaise humeur

Dans un couple qui s'entend, la mauvaise humeur de l'un sera expliquée par la situation (un stress professionnel, des problèmes hormonaux) ; dans un couple dysfonctionnel, on reprochera à l'autre son sale caractère chronique.

Un chef de service de mauvaise humeur

Le chef passe sans vous saluer ; vous risquez de penser qu'il vous méprise, surtout si vos relations avec lui sont tendues. Alors qu'il était peut-être exclusivement préoccupé par un problème que vous ignorez (professionnel ou privé).

On est soi-même de mauvaise humeur
On passe près d'un collègue qu'on apprécie sans le saluer car un problème nous rend songeur. On serait surpris qu'il y voit du mépris...

Dans le monde des affaires, on se méprend parfois sur certaines intentions de l'interlocuteur en minimisant le contexte décisionnel dans lequel il évolue ou sa culture différente.

L'erreur d'attribution peut jouer dans le sens inverse : les personnes qui ont une faible estime d'elles-mêmes pourront s'accuser d'incompétence après un échec, blâmer leur négligence coupable ou un manque de motivation quand le hasard est, peut-être, l'unique responsable de la situation. Ou, *a contrario*, imputer des qualités exceptionnelles à certaines personnes de leur entourage pour des actions (ou des performances) qui s'expliquent, avant tout, par la chance ou des circonstances favorables.
Cette erreur est, de plus, asymétrique, s'appliquant différemment selon qu'elle relève du comportement d'autrui ou du sien : dans le premier cas, on pointe les facteurs internes (« Il agit sans réfléchir ») ; dans le second, on souligne l'environnement (« J'étais obligé de prendre des risques inconsidérés car la situation l'exigeait »).

En bref :

L'erreur fondamentale d'attribution (ou biais d'internalité) ***confond causes personnelles et causes externes****.*
On minimise cet écueil en refusant de conclure après une observation isolée, sans valeur. Par contre, le caractère ***répétitif*** *d'un même comportement invite à en discuter avec la personne. Cela permet de relativiser, ou, dans le cas contraire, de confirmer le problème (offrant l'opportunité d'y réagir en cherchant une solution plutôt qu'en maugréant).*
Quand c'est possible, se mettre à la ***place de l'autre*** *(c'est une forme d'empathie) procure une autre perspective sur la*

problématique en y intégrant les contraintes vécues et objectifs à atteindre. Cela ne justifie pas tout mais évite de transformer une conduite sporadique qui a déplu (« Il ne m'a pas dit bonjour ») en un trait de caractère définitif (« c'est un vrai salaud »).
Ce biais relève de stéréotypes souvent liés à une connaissance superficielle de la réalité.

Du point de vue neurologique, le ***noyau accumbens*** *effectue en permanence des ratios entre ce qui est prévu et ce qui survient. Quand il y a une distorsion, l'amygdale voisine réagit émotivement. Le cortex frontal, inhibiteur, donne le temps d'envisager des alternatives avant d'agir précipitamment.*

3. LA SIMPLIFICATION

Le déluge d'informations rend nécessaire l'utilisation de filtres pour éviter les biais de disponibilité, de répétition et de substitution (*chapitre 1*). Ces filtres contribuent à une première simplification du monde, étudiée avec les biais de substitution. Ici, le problème est différent.
Comment interpréter correctement les éléments dont on dispose, notamment quand ils sont contradictoires d'une source d'information à l'autre ? Comment rester cohérent avec les savoirs antérieurs, évolutifs en fonction des progrès technologiques et scientifiques, en y greffant ce qu'on lit ou entend ? Le tout, paresse cognitive du système automatique S1 oblige, sans (trop) modifier les avis voire jugements antérieurs.
Car ces alternatives provoquent un sentiment d'*incomplétude cognitive* qui inquiète : ne suis-je pas en train de me fermer à certaines options potentiellement favorables ? La peur de manquer une information cruciale explique ce recours compulsif aux fils d'actualités. La seule curiosité génère ce sentiment d'incomplétude.
Sans surprise, le striatum, les noyaux accumbens et surtout le noyau hippocampique (mémoire) interviennent pour classer les informations, les organiser et les simplifier, en recherchant la confirmation de ce qu'il croit savoir.

Le biais de confirmation

De même que le biais d'ancrage constituait une aberration liée à la cohérence associative, le biais de confirmation est une erreur qui crée un monde simplifié en validant les opinions par tout ce qui les conforte et en rejetant ce qui les réfute.

Cette tendance, connue, a donné lieu à des décisions erronées : la plupart des militaires haut-gradés estiment qu'un bon soldat doit avoir une force physique supérieure. Mais l'intelligence n'intervient-elle pas quand il s'agit de mener à bien une mission ? Avertis du biais, ces officiers recruteurs y succombent à nouveau, quoique différemment : ils considèrent qu'un soldat physiquement fort est, simultanément, intelligent. Cette association de deux caractéristiques qui ne sont pas liées explique cet autre biais qu'on rencontrera : celui de halo.

Chacun a des idées préconçues sur de nombreux sujets (qu'il s'agisse de donner son avis sur le rôle du nucléaire dans le réchauffement climatique, sur l'immigration et l'aggravation du chômage ou sur la qualité d'un vaccin). Bien qu'elles soient, au mieux, approximatives, ces opinions n'empêchent pas les avis tranchés, perçus comme autorisés. Pourtant, elles ne témoignent que d'une compréhension vague ou de préjugés.

Comment expliquer cette conviction qui anime tout un chacun sur ces sujets ? Par le biais de confirmation. Les moteurs de recherche ont amplifié le problème en intégrant les prospections antérieures dans leurs propositions : ils procurent ce qui est attendu. La facilité d'accès aide : on ne cherche pas d'autres infos que celles immédiatement disponibles.

On décide avant de comprendre, on privilégie ce qui plaît. Insidieusement, les intuitions indécises se consolident. On en arrive à trouver ses propres impressions plus valides, logiques ou crédibles que celles des autres, sous prétexte qu'elles sont partagées par davantage de personnes. De ce fait, elles apparaissent plus normales, donc plus véridiques.

C'est net dans des domaines qui relèvent d'une croyance (peu importe le sujet : OVNI, psychokinésie, astrologie, homéopathie, divinités, etc.) En effet, aucun raisonnement n'est susceptible de réfuter ces opinions, contrairement à des faits scientifiques. C'est pourquoi ces positions prolifèrent sur le net au-delà du raisonnable. De plus, elles sont défendues becs-et-ongles par leurs partisans alors que la plupart des intellectuels, des spécialistes et des scientifiques ne se commettraient pas à les contredire, sachant qu'ils perdent leur temps. Du coup, la voie est libre pour les divagations. Quel physicien chercherait à défendre l'évidente rotondité de la terre face aux partisans de la terre plate ?

Débattre n'est utile que si chacun est de bonne foi. En prenant en compte un point de vue opposé, on peut, théoriquement, prendre un sain recul par rapport à certaines idées. Mais le biais de confirmation happe les pensées imprécises vers des abîmes où elles se sentent bien, entourées d'autres approximations qui sont, elles aussi, âprement défendues.

L'attitude contraire à la confirmation, plus pertinente mais peu intuitive (dépendant exclusivement du système réfléchi) est de chercher à *infirmer*. Elle prend du temps et elle est difficile, comme le montrent les tâches de sélection de Wason, casse-tête logiques qui font intervenir différents arguments propres à générer des erreurs de raisonnement.

<u>*Exemple :*</u>

Jeu de cartes (1)

On montre un jeu de 4 cartes posées sur une table et dont on voit la face supérieure : *E, K, 4, 7.* E et K sont les seules lettres possibles, 4 et 7 les seuls chiffres (tant sur le recto que sur le verso des cartes).

On demande de nommer les cartes à retourner pour *confirmer* la règle suivante : si une voyelle est présente d'un côté, il y a un nombre pair de l'autre ?

90% des personnes répondent E et 4. Elles sont piégées par le biais de confirmation : la règle à confirmer n'exige pas qu'au verso d'un nombre pair doit se trouver une voyelle !

Si on retourne le 4, et qu'un K s'y trouve, la règle n'est pas *infirmée*. Retourner le 4 peut confirmer la règle mais pas l'infirmer. La bonne réponse est E et 7 : si le 7 présente une voyelle au verso, la règle sera infirmée.

Jeu de cartes (2)
Avec les mêmes cartes, on peut demander quelles sont celles à retourner pour vérifier la règle suivante : si une voyelle est présente d'un côté, il n'y a *PAS* un nombre pair de l'autre.
Dans ce cas, E et 4 deviennent les bonnes réponses. En les retournant, on peut infirmer la règle (et non la confirmer).

Les raisonnements méthodiques prônés par la science ne la mettent pas à l'abri de ce biais : multiplier les vérifications ne rapproche pas d'une vérité accrue. D'où la réfutation chère à Karl Popper, philosophe des sciences, qui a fait du critère de *réfutabilité* l'exigence et la nécessité d'une pensée scientifique. De quoi s'agit-il exactement ?
Le problème de confirmation ou falsifiabilité provient de la confusion entre *implication* et *équivalence*. Si on annonce que le phénomène X implique le phénomène Y, que peut-on déduire de plus ? Beaucoup répondent : alors, Y implique X, ce qui est parfaitement faux. La seule *autre* conclusion est que non Y implique non X. *C'est uniquement quand l'implication et son inverse sont vraies qu'on peut parler d'équivalence.*

Exemples :

Division
Soit X un nombre divisible par 10 et Y un nombre divisible par 5. Sui X, alors Y. L'implication connecte logiquement les éléments X et Y. Mais l'inverse est faux : Y (par exemple 45) n'implique nullement X.

Immatriculation
Une voiture (X) possède une plaque d'immatriculation unique (Y). L'inverse sera alors vrai : à partir d'Y, on peut remonter à X. Et une autre plaque que la mienne, sauf fraude, permet d'exclure ma voiture d'un délit de fuite.

Nationalité :
X implique la nationalité française et Y être européen. Mais l'inverse est faux.

Le biais de confirmation explique, au moins partiellement, le *conformisme*, attitude branchée sur le modèle social dominant. Adopter un comportement grégaire ne nécessite aucune réflexion : agir comme les autres, notamment dans une situation d'incertitude, permet de bénéficier de leur aval sans risquer leur désapprobation.
Chacun a expérimenté l'extraordinaire influence de la pression de groupe, y compris contre les évidences. Depuis la naissance, on est soumis à un ordre social soutenu par ses conventions et règles morales, d'où une prévisibilité des actions humaines. Dès lors, chaque individu est enclin à les suivre (pour les approuver ou les blâmer) selon son groupe d'appartenance. On pense donc que les autres se conformeront à nos attentes qui sont proches de celles façonnées par le groupe (c'est d'ailleurs heureux : pensons à l'anarchie qui règnerait si chacun établissait son propre code de la route).
Se conformer au modèle dominant n'est pas exempt de risque comme l'ont évoqué Richard Thaler et Cass Sunstein[28] : le travail des étudiants est influencé par leurs proches amis (pour le meilleur comme pour le pire).

Dans un autre registre, il est reconnu que les personnes entourées d'obèses ont tendance à être, elles-mêmes, en surpoids, que les drogués fréquentent des personnes sujettes à diverses assuétudes, etc. L'influence réciproque peut être basée sur les compétences, mais aussi sur l'ignorance ou la pathologie, avec les risques inhérents.

Exemples :

Originalité grégaire (1)
Toutes les publicités (pour des dentifrices, des aliments, des voitures, des montres, etc…) qui commencent par « la plupart des gens préfèrent… » tablent sur le conformisme du système automatique (position encore renforcée si c'est une personnalité qui l'énonce).

[28] Richard H. Thaler, Cass R. Sunstein, *Nudge, comment inspirer la bonne décision*, Pocket, 2008.

Originalité grégaire (2)
D'autres publicités incitent à faire preuve de son originalité en achetant la même marque que tous les autres. Bref, elles sous-entendent que pour être soi-même, il faut souscrire aux mêmes options que la multitude…

Une expérience en groupe
On présente une image avec 3 lignes verticales dont la longueur est différente mais aisément identifiable. On demande à un sujet de désigner la plus longue d'entre elles. Seul à répondre, ou premier à fournir la réponse dans un groupe, il ne se trompera quasi jamais.
Mais, qu'on donne la parole à deux ou trois personnes (complices de l'expérimentateur, ce que le sujet ignore) et qu'elles fournissent une réponse erronée, le doute s'installe. Le sujet sera alors enclin à les suivre dans leur erreur.
Autrement dit, il préfère ignorer son propre témoignage sensoriel pour ne pas affronter le groupe. Pour des tâches simples, cette influence est estimée à 30% !

Pour peu qu'il s'agisse de discussions portant, non sur des chiffres ou des longueurs, mais sur des opinions et que des membres du groupe expriment avec aplomb des avis tranchés, la tendance à les suivre s'accroît encore.
Cela reste vrai quand les sujets sont en désaccord avec ce qui se dit (ou se fait). Ils ont tendance à acquiescer (alors qu'ils ignorent ce que pensent réellement les autres, dont certains partagent peut-être leur opinion sans oser, eux non plus, l'affirmer) : c'est *l'ignorance pluraliste.*
Celle-ci conduit des individus à adopter une posture, non qu'ils la trouvent bonne, mais parce qu'ils croient que les autres la défendent. L'illusion d'accord, superficielle, est une forme de paresse : un accord mou évite l'inconfort d'une confrontation. L'ignorance pluraliste pousse à adhérer à une option consensuelle au lieu de se comporter selon ses propres pensées, raisons ou valeurs.

Le *conformisme social* relève de ce biais. Se conformer, c'est accepter les codes du groupe au sein duquel on évolue. C'est un processus d'influence qui incite à aligner sa conduite sur celle des autres, qu'il s'agisse d'adopter des codes vestimentaires, de partager de mêmes tatouages, voire de commander les mêmes plats ou boissons au restaurant.
Cette tendance, loin d'être passive, répond à une stratégie d'ajustement social pour éviter d'être marginalisé. Ce traditionalisme explique le maintien de représentations obsolètes (danses pour la pluie, remèdes de grand-mère, etc.) malgré les progrès scientifiques qui leur ôtent toute crédibilité.
On répugne à changer de paradigme et on préfère conserver une théorie contredite, plutôt que de la rejeter. Ses tenants espèrent que des amendements ultérieurs réconcilieront les doctrines, même incompatibles. Si une danse de la pluie échoue, ses partisans imputent l'échec à un rituel mal accompli. Un démenti scientifique est, systématiquement, inefficace car il implique des savoirs complexes dont la légitimité n'apparaît pas aux conformistes : la pensée rationnelle ne fait pas sens pour eux, ce qui les empêche d'y adhérer. D'où cette étrange cohabitation entre croyances (magie, sorcellerie et alchimie) et pensée rationnelle.
Avec ce constat d'une extension de candeur et de naïveté contrastant avec des connaissances accrues, sanctionnées par des études plus longues.

La composante grégaire et l'ignorance pluraliste expliquent l'*effet de faux consensus*, proche du biais de confirmation : c'est cette impression que les opinions personnelles sont partagées par la plupart des autres. On a vu le rôle des moteurs de recherche dans cette illusion, mais elle relève aussi, paradoxalement, d'un individualisme accru dont l'environnement se limite à quelques proches de même mouvance, quelques collègues de la même boîte ou un noyau d'amis qui partagent des sites d'informations similaires.

Jim Rohn[29], un conférencier américain, a énoncé, avec clairvoyance, que « chacun est la moyenne des cinq personnes avec qui il passe le plus de temps ».
Les idées les plus personnelles reflètent ce faible échantillon centré sur un entourage réduit (famille immédiate, quelques amis et collègues de travail).

Au sein d'une même caste, dont les membres pensent à l'identique, la tendance privilégiée est d'estomper les désaccords potentiels. Mais percevoir un accord n'implique pas qu'il existe : il n'est pas exceptionnel que les gens se censurent, pour ne pas blesser, nuire à l'harmonie du groupe, par crainte de la hiérarchie ou par timidité, comme on l'a vu avec l'ignorance pluraliste. Cet effet explique les présupposés tacites, exclusivement discutés avec ces proches, et qui se renforcent de leurs avis convergents. Ce faux consensus est répandu car il accroît *l'estime de soi* en conférant une impression de normalité, rassurante, de reconnaissance ou de validation sociale. Les personnes les plus autocentrées y sont sensibles. Elles estiment que le consensus est réel alors qu'il n'existe que dans leur esprit. Par exemple, des personnes qui fument passent plus de temps avec d'autres fumeurs, ne serait-ce que dans les locaux autorisés. Elles surestiment, dès lors, le nombre de fumeurs dans la population.

Le biais de halo (ou de notoriété)

Le biais de halo, proche du précédent, est la tendance à percevoir comme *globalement* positives (ou négatives) toutes les caractéristiques d'une même personne (ou d'un parti, d'une voiture, d'un groupe ethnique…).
Une opinion, forgée sur quelques premières impressions parcellaires *(biais d'ancrage*) impacte le jugement ultérieur. Cette erreur pousse à négliger des informations en sens contraire. Agréger toutes les qualités (ou tous les défauts) d'un ensemble est simple, émotionnellement cohérent mais sans aucune pertinence. Extrapoler une impression vérifiée dans un domaine de compétence à des sphères dont on ignore tout peut s'avérer nuisible.

[29] Jim Rohn, Les cinq clés du puzzle de la vie, Trésor caché, 2003

Cet effet, qui simplifie le monde, est à la fois quotidien et sélectif :
- *Quotidien* car il intervient dans le contact relationnel : selon le renseignement qu'on recherche, on se tournera vers une personne dont les caractéristiques semblent adéquates (s'adresser à un jeune pour une question informatique, par exemple).
- *Sélectif*, car d'un attribut, on déduira les qualités ou les défauts d'une personne : un poète sera, *obligatoirement*, un doux rêveur, un être créatif à l'écart des contingences matérielles ; un savant sera toujours calculateur ; on l'envisage avec sa panoplie de stéréotypes : des lunettes, des cheveux hirsutes, une chemise mal boutonnée…

L'effet de halo valide les attentes et provoque d'étonnantes distorsions : les gens bien ne font, c'est « évident », que des actions qui sont bonnes. Les méchants sont toujours méchants, dans toutes leurs actions et intentions.
Ceux qui sont bons sont beaux, c'est pourquoi les malveillants sont laids, etc. C'est tellement vérifié que, lors de certaines études réalisées en Amérique, on montrait la photo de deux candidats en lice à des élections locales. Les sujets interrogés devaient prédire le vainqueur (en ignorant tout de son passé, de son programme ou de ses promesses).
Dans 2/3 des cas, la photo suffisait à prédire le vainqueur. Celui qui est plus avenant a souvent l'air plus compétent et devrait donc être un élu performant.
Pourtant, l'ordre dans lequel on observe les caractéristiques d'une personne est aléatoire : on l'a rencontrée au théâtre, et son érudition a plu, ou dans une salle de sport, où elle était fair-play, lors d'un dîner, où elle multipliait les bons mots. Dispose-t-elle de ces mêmes qualités dans toutes les circonstances de sa vie ? On peut l'envisager voire l'espérer mais le fait est qu'on l'ignore.
Cet effet est utilisé en publicité (quand on aime une marque pour l'un de ses produits, on a une propension à en acheter d'autres avec un *a priori* favorable, quoique non vérifié).

La représentativité, souvent basée sur quelques critères, entraîne un risque d'erreur pernicieux. On l'observe dans les appréciations (positives ou négatives) d'un recruteur (ou d'un

enseignant) sur base de paramètres sans relation avec ce qu'on demande de juger (coupe de cheveux ou présence de tatouages pour déterminer l'aptitude d'un candidat à un poste).
Certains professeurs de musique évaluent leurs élèves sans les voir (ils sont cachés par un rideau). Leur appréciation ne dépendra que de la musique produite, non d'autres paramètres. Cette approche devrait être généralisée : l'anonymat évite l'effet de halo et préserve les chances de chacun.
Avant toute évaluation, il faudrait préciser ce qui est exactement attendu d'un étudiant ou d'un candidat et envisager une pondération chiffrée des différents paramètres impliqués. Cette objectivation évite des injustices.
Recruter un candidat devrait se faire par des approches indépendantes et des notations décorrélées (qui ne s'influencent pas mutuellement). Le fait que beaucoup y soient réticents, invite à se poser la question des raisons sous-jacentes.

Un autre écueil de ces approches susceptibles de verser dans la complaisance est le domaine de l'expertise. Trop d'experts sont des penseurs de la simplicité qui inscrivent leurs raisonnements dans un cadre étroit (afin de maîtriser leur sujet), les rendant parfois trop sûrs de leurs affirmations. Même erronées, ils leurs trouveront une explication quitte à réécrire l'histoire plutôt que de l'assumer. Avoir confiance en soi constitue une qualité, pas une garantie d'exactitude dans un monde imprévisible qui rend les erreurs de prédiction inévitables.

En bref :

Le biais de confirmation privilégie les ***idées préconçues*** *en écartant les autres. Pour le minimiser, on privilégiera des avis divergents, susceptibles d'élargir les perspectives. Un interlocuteur neutre sollicité, quand il est compétent dans son domaine, n'est pas là pour confirmer l'avis qu'on attend. Au contraire, il dira ce qu'il estime et qu'il connaît, même si cela déplait aux attentes de celui qui l'avait quémandé. Une connaissance utile est, toujours, une connaissance partagée : le secret ne lui convient pas.*

S'entourer de personnes qui s'auto-censurent ou ne servent qu'à confirmer la thèse qu'on leur présente semble une option confortable mais elle s'exerce au détriment d'une réflexion de qualité.
Le biais de halo concentre les qualités (ou les défauts) d'une personne à partir d'une première impression, ce qui est toujours risqué.
Pour le contrer, il faut ***dissocier l'apparence*** *de la personne de ce qu'on attend d'elle et, au lieu de simplifier au risque de tomber dans les stéréotypes, se forger une opinion à partir de plusieurs expériences, dans des contextes différents*

Du point de vue neurologique, ces biais s'inscrivent dans une démarche rationnelle qui ne confond pas l'essentiel et le superflu. Elle implique une réflexion préparatoire pour réduire le rôle des impressions et des intuitions, véhiculées par le système automatique. Le lobe frontal et le système exécutif sont indispensables pour réguler le processus, en y introduisant, le cas échéant, les nouvelles informations qui peuvent corriger de premières impressions.

Que retenir de ces biais de raisonnement ? Ils sont influencés, avant tout, par l'effet de causalité, très tôt présent dans le développement de tout être mais qui demeure une simplification excessive du monde.
Le biais d'intentionnalité intervient pour expliciter les théories du complot, exacerbées par des recherches devenues plus simples (voire orientées par les moteurs de recherche) et par une perte de sens critique qui ne permet plus d'intégrer la complexité du réel. Il n'est pas rare qu'une image de soi défaillante l'accompagne. Quant aux biais de confirmation et de halo, ils trompent par leur cohérence apparente qui néglige l'interdépendance des événements.

Un raisonnement correct ne doit pas se satisfaire des simplifications excessives du monde, notamment basées sur la causalité. Il faut, au contraire, évaluer correctement, sur base de critères préétablis et pondérés, les compétences personnelles des intervenants et il faut le faire de manière décorrélée, qui sépare clairement les importants contextes d'internalité et d'externalité.

Une fois les associations de pensées réunies en un raisonnement qu'on espère dépourvu de (trop de) biais, on inscrit souvent le résultat dans une narration, le fameux *storytelling* des anglophones. C'est nécessaire pour capter l'attention d'autrui ou pour motiver les équipes autour de projets porteurs. Cette nouvelle étape implique inévitablement un nouveau lot de biais.

Chapitre 3
Le récit et ses biais

La plupart des raisonnements débouchent sur des récits qui reprennent les résultats ou les conclusions de la démarche intellectuelle effectuée. Celle-ci a été influencée par les connaissances mais aussi par les sentiments et par les opinions. Ce n'est pas la qualité de cette approche qui sera abordée ici mais les erreurs commises dans le traitement des données recueillies.

Le cerveau préfère traiter les informations qui sont présentées sous forme d'histoires, plus faciles à mémoriser que des faits disparates. Mais l'esprit est peu regardant entre des récits véridiques, étayés, et des narrations fictionnelles. Toute histoire, même imaginaire, procure des renseignements sur des environnements variés et invite à comprendre les intentions d'autrui (de l'auteur comme de ses héros). Ce point, pour certains auteurs, lui confère une valeur adaptative. Gazzaniga[30] évoque cette appétence cérébrale, presque compulsive, pour les narrations dans ce qu'elles nous disent d'un monde en constante évolution.

Un axe narratif agit comme une recette : il fournit une bonne représentation dans un réceptacle adapté. Des idées protéiformes sont amalgamées et rendent crédibles des faits discutables. La sauce prend et des croyances initiales peu fondées peuvent se transformer en conviction.

Le lobe temporal gauche, sensible aux idées formant une trame plausible, joue un rôle central. Un récit sera attractif quand il est susceptible d'avoir des implications dans nos vies, qu'il en révèle une palette émotionnelle, qu'il parle de notre situation sociale, professionnelle ou culturelle, avec ses valeurs et ses problèmes. Si, en plus, il prétend dévoiler quelque mystère nous concernant ou qu'il est spectaculaire, son effet addictif est amplifié.

---

[30] Michel Gazzaniga, *Tales from Both Sides of the Brain*, Ecco (2015).

Tout récit crée sa propre réalité, tributaire de son narrateur, de son auditoire (immédiat ou lointain) et de ses buts : instruire ou convaincre, notamment. D'où les récits pluriels possibles à partir d'un même raisonnement.
L'exposé présente les faits d'une manière qui semble indépendante et logique : la narration se déploie dans une tension constante, se focalisant sur certains éclaircissements, ignorant des lacunes ou minimisant des opacités. Le découpage n'est pas anodin : perturber volontairement un processus rectiligne peut privilégier certaines apparences ou éviter certaines perspectives. Les particularités valorisées s'entrecroisent avec les silences qu'on devine en filigrane. Le cerveau cherche à lire ce qui est invisible, à percevoir ce qui n'est pas dit. Il imagine, transforme et interprète. L'enchaînement des phrases n'est pas neutre, qui transmet des indices, des ellipses, des ruptures. Et l'attention pourra être focalisée par des réparties anodines ou encore par l'étonnement.
Il n'est nullement nécessaire que le récit corresponde à la réalité puisque seul compte le sens voulu par le narrateur et le message destiné à l'auditoire, même au détriment de l'objectivité. Si on simplifie, c'est encore pour préserver l'**estime de soi**.

Un impératif toutefois : un minimum de cohérence pour que le public adhère à une présentation à la croisée du texte et de l'explication. Le récit doit parler à la raison mais peut intégrer des composantes émotives, qui donneront de l'épaisseur à la trame. Quelques saillies subjectives livreront, si nécessaire, des aspects personnels moins froid : tout exposé est présence de soi dans le monde. Aucun récit n'est innocent. On l'a déjà vu avec les théories du complot qui sont des biais de raisonnements. On le constate ici dans l'histoire elle-même qui sert à produire du *sens*, pour soi ou pour les autres.
D'où une illusion cognitive robuste qui cherche à réécrire l'histoire à la lueur de ce qui s'est passé. Plus les conséquences sont désastreuses et les éléments négatifs saillants, plus on aura tendance à surestimer le *caractère prévisible du monde* et, inversement, à sous-estimer le rôle du hasard dans la narration qu'on en fera.

1. LES RÉCITS A POSTERIORI

Le biais rétrospectif oriente le récit sur les conséquences d'actes qui ont été posés mais en « oubliant » les conditions initiales. Hier, de nombreux choix s'avéraient possibles mais, au fur et à mesure que le temps passait, les conséquences des actes *déjà* posés se concrétisaient, fermant des portes, rendant, de ce fait, certaines options préliminaires irréalisables.
Or, quand l'esprit se souvient des motivations initiales, il y incorpore ce qu'il *sait* aujourd'hui. Il lui est quasi impossible de négliger, dans son analyse présente, ce qu'il ignorait alors. Il reconstruit le passé en y plaçant des convictions ou des certitudes qui ont, entre-temps, changé.

Le biais rétrospectif

Ce biais exprime *a posteriori* le résultat d'un processus et lui trouve des explications cohérentes, que le parcours ait réussi ou échoué. Dans le premier cas, il insistera sur l'intelligence de la situation qu'avait le narrateur, dans l'autre, celui-ci s'attardera sur les phénomènes contingents qui sont à même d'expliciter l'échec. On y retrouve la trace des biais d'autocomplaisance et d'internalité développés dans le chapitre précédent. Le récit cherche d'abord à rassurer le narrateur sur la maîtrise d'une situation qui n'existait pas.

Le cerveau minimise systématiquement l'ignorance initiale et le hasard, toujours pour garder une *impression d'un contrôle* accru sur des événements contingents et ainsi réduire le stress lié à l'incertitude. Il aime à penser qu'en agissant différemment, cela aurait modifié le cours des choses. Attitude qui fait l'impasse sur le moment opportun où il aurait fallu changer son fusil d'épaule : lors de premiers signaux alarmants ou quand des avis divergents ont émergé ?
Les réseaux sociaux et les médias adorent pointer les événements inattendus, qu'il s'agisse d'une élection ou d'un acte terroriste. Des analyses *a posteriori* incitent à se demander pourquoi les mesures adéquates n'ont pas été prises.

Mais, parmi les millions de faits plausibles, combien se réalisent ? Il est toujours aisé de donner le résultat du tiercé une fois la course terminée (et de lui trouver des explications).
Des récits fictifs fondés sur ce biais ont été démontrés : on a demandé à des étudiants de choisir, parmi deux portraits de femmes, celui qu'ils trouvaient le plus attractif. Plus tard, après les avoir distraits par d'autres tests, on leur soumettait le portrait qu'ils n'avaient *pas* choisi en leur demandant de justifier leur décision. La quasi-totalité des sujets a proposé des arguments qui avaient l'air pertinents pour entériner une option qu'ils avaient pourtant écartée. L'interprète cérébral préfère indiscutablement la fiction d'un récit rétrospectif.
Ce biais s'avère injuste quand il se focalise sur les conséquences d'une décision alors que celle-ci, prise dans un contexte délicat, mettait en balance plusieurs hypothèses avant de privilégier l'une d'elles. On oublie ou on minimise ces conditions initiales. Et on présume alors qu'une autre approche aurait obtenu un franc succès. Or, il est aussi possible que, dans un contexte donné, aucune des pistes envisagées n'était valide. Dans des situations complexes, rien ne prouve qu'une option écartée après réflexion aurait fait mieux que celle qui a été retenue.

Exemples :

Échec médical

En médecine, des échecs thérapeutiques entraînent fréquemment une révision de l'histoire (« je savais que je ne devais pas être opéré… » voire « opéré par Untel, qu'un ami m'avait déconseillé »). On le souligne après l'événement, surtout quand un aléas s'est produit.
Mais, en acceptant le risque, n'avait-on pas envisagé que l'échec, toujours possible, était compensé par la sévérité des plaintes qui motivaient la consultation ?
Quant au choix du médecin, qu'on déplore aujourd'hui, il relevait hier de raisons précises : peut-être sa meilleure disponibilité, la proximité de la clinique où il opère. N'aurait-il pas fallu, d'emblée, favoriser la seule chose qui comptait, sa réelle compétence, si tant est qu'elle intervient dans l'échec observé.

Le hasard aussi a pu jouer, ou des éléments personnels (un recours trop tardif à l'intervention, la négligence de signes précoces, un état général altéré par d'autres problèmes).

Divorce
Après un divorce, beaucoup réécrivent la rencontre initiale en y décelant des éléments qui auraient dû alerter : « elle multipliait les relations brèves et avortées », « elle n'était intéressée que par l'argent », « c'était un dragueur », « j'ai toujours eu l'*intuition* qu'il ne réussirait pas dans la vie… »
100% des divorces ayant commencé par un mariage, n'avait-on pas, pourtant, envisagé la réussite de la relation en s'engageant ? Chercher des signes précurseurs du futur échec constitue une rationalisation erronée car subjective.

Le biais rétrospectif accorde trop d'importance au *passé*, lequel ne préjuge nullement du présent. Or, la plupart des gens sont convaincus que le futur ressemblera, peu ou prou, au passé.

Dans une entreprise, on engagera un dirigeant qui a résolu des situations difficiles, en espérant que cette compétence s'appliquera dans le domaine, parfois assez différent, pour lequel on le sollicite aujourd'hui. Pourtant, ses réussites passées ne sont pas une garantie, ses capacités, bien réelles, peuvent ne plus s'appliquer à un contexte qui a changé. Les challenges réussis hier ne constituent pas un indicateur suffisant. A l'inverse, une personne qui a échoué par le passé risque de renoncer à de nouveaux challenges voire sera disqualifiée par un recruteur. Pourtant, elle a pu tirer des leçons de son échec, ou y puiser de nouvelles ressources ou une pugnacité accrue.

Comme le chante Etienne Daho : « Aujourd'hui est le premier jour du reste de ma vie ». Sans tomber dans l'angélisme ni minimiser le poids, bien réel, du passé, celui-ci ne devrait jamais constituer une raison pour renoncer. S'en servir d'excuse est, peut-être, une manière de fuir des responsabilités.

Un autre travers est d'appliquer au passé, parfois lointain, une réécriture avec la morale du présent, ce qui nie la complexité de l'évolution historique (on l'a vu avec le biais d'intentionnalité). Une indignation aujourd'hui légitime n'est pas toujours transposable. Appliquer à d'autres lieux et d'autres époques les normes du jour constitue un processus délirant de victimisation éloignée de tout bon sens. Le biais rétrospectif, qui explique l'échec par un récit orienté, préserve l'image de soi et c'est sans doute son rôle majeur. S'il est si répandu, c'est parce que, séquelle du passé biologique, la négativité et la fuite l'emportent sur le positif et le contact. Le noyau amygdalien génère des émotions rapides dans des situations dangereuses, réelles ou symboliques (un visage grimaçant ou des mots agressifs l'activent).
Résoudre ce qui ne va pas est plus utile que s'endormir sur ce qui va. C'est pourquoi chacun est plus affecté par des informations négatives que réjoui par une annonce positive. Même le vocabulaire du malheur vient plus vite à l'esprit que celui du bonheur !

C'est le phénomène universel de la négativité, exploité par les réseaux sociaux et les journaux dits d'information, prompts à souligner tout ce qui est négatif (ou qui risque de l'être, voire de le devenir). Capter et retenir l'attention génère cette angoisse répandue d'un monde où « tout va mal », où tout était mieux « avant ».
Les bonnes nouvelles n'intéressent guère. On le constate au quotidien : si vous répondez « ça va » à la banale question qu'on vous pose, vous n'attirez pas l'attention. Mais que vous preniez une voix navrée pour dire : « Non, ça ne va pas », suscite l'intérêt : « Ah ! Raconte-moi... ».

On aimerait que ce soit de l'empathie mais la curiosité morbide pour les événements négatifs affleure vite, accompagnée d'une étude comparative entre les personnes : chacun mesure le malheur d'autrui à l'aune de sa personne, en espérant secrètement que la sienne est moindre. Il y a des personnes qui se réjouissent des maladies d'autrui comme si elles s'en trouvaient, de ce fait, épargnées. Quand ce ne sont pas des amateurs de rubriques nécrologiques à l'affût des décès de proches, y ressentant le soulagement illusoire d'avoir été épargnés puisqu'ils en prennent connaissance.

<u>*Exemple :*</u>

Pandémie

Durant la Covid, les gens ont admis des mesures drastiques et onéreuses qui auraient été jugées inacceptables dans un autre contexte, car elles évitaient une catastrophe.

Ces mêmes précautions auraient été jugées coercitives et scandaleuses si leur objectif était d'améliorer un système de soin insuffisant ou dépassé. Empêcher le pire l'emporte sur l'anticipation d'un progrès.

Cette tendance à la négativité explique deux travers que constituent l'aversion à l'échec et l'aversion à la perte, lesquels prolongent le biais rétrospectif.

L'aversion à la perte rappelle que l'être humain n'aime pas perdre et que son système automatique accorde deux fois plus d'importance aux pertes (réelles ou supposées) qu'aux gains. Là où l'ancrage privilégiait une donnée initiale, l'aversion à la perte incite, au contraire, à l'extrême prudence, quitte à manquer des opportunités : c'est pourquoi l'aversion à la perte fait perdre, ne serait-ce qu'en privilégiant un *statu quo* risqué car l'*inertie* est, aussi, un risque. Dans un monde complexe, peu prédictible, l'abstention semble préférable par rapport aux risques d'un acte dont les effets non envisagés font courir un risque d'opprobre et d'ostracisme. De ce fait, chacun se sent davantage coupable d'une décision prise mais n'est pas regardant devant son inaction. C'est, sans doute, une dérive de l'utilitarisme anglo-saxon qui tient les personnes moralement responsables des conséquences, même involontaires, de leurs actes. Or, une inaction peut être moralement coupable mais est moins prise en compte.

Le *statu quo*, véritable option par défaut du processus décisionnel, témoigne d'un manque d'attention et d'analyse : un premier choix semble toujours meilleur. Le système automatique lui confère une valeur positive. Le fait n'est pas neuf : les chaînes de télévision savent qu'il faut harponner le téléspectateur en début de soirée car il aura tendance à rester sur une même chaîne (alors même qu'en changer ne nécessite qu'une pression sur une télécommande). Mais il percevra le changement comme un risque de manquer une opportunité.

L'inertie perçoit la nouveauté comme dangereuse. Dans un cadre complexe, plus il y a de choix, plus le *statu quo* est préféré car présumé éviter la perte. Agir (pour sortir d'une situation qui ne convient plus) expose aux regrets (« je n'aurais jamais dû quitter ma maison ») et aux critiques (« quelle idée tu as eue de modifier ton contrat ») alors qu'une situation figée, non remise en question, semble sécurisante. L'inertie évite de s'attarder sur ce qui aurait pu changer (y compris en bien) si on l'avait envisagé.
Même dans le règne animal, les prédateurs privilégient le statu quo en écumant des lieux identiques où ils savent qu'ils trouveront des proies. Mais on a constaté que, de temps à autre, leur instinct les pousse à quitter subitement leur zone de confort pour un autre territoire, plus risqué peut-être, mais aux potentialités nouvelles.

L'aversion à la perte entraîne un autre effet : même convaincu qu'on a pris une bonne décision, qui a échoué (hasard ou mauvaise conjecture), on aura tendance, dans un contexte similaire, à changer de stratégie en espérant de meilleurs résultats. N'ayant pas réfléchi aux causes de l'erreur, on se prive de la possibilité de réussir en reprenant une méthode qui, certes, a échoué mais qui peut s'avérer valide.
Observons que l'attitude inverse n'est pas plus judicieuse : on utilise une approche qui a réussi dans le passé sans tenir compte d'un contexte qui a changé, au risque d'être cette fois moins optimale que d'autres qu'on écarte sans y penser.

Exemples :

Abonnements
Combien de personnes conservent un abonnement, alors que la revue ne leur plait plus ou ne leur convient plus ? Chacun devrait, régulièrement, réfléchir à ses choix et, le cas échéant, les réviser.

L'hormone de croissance
Un traitement (à base d'hormone de croissance provenant de cadavres) fut proposé pour traiter le nanisme des enfants quand il avait une origine hypophysaire). Il est apparu par la suite qu'il pouvait, parfois, entraîner une maladie mortelle (la maladie de Creutzfeldt-Jakob).
De nombreux parents qui avaient choisi le traitement (pour éviter que leur enfant ne reste nain) ont porté plainte après le décès de leur enfant. Le traitement avait été donné avant 1985, la première plainte déposée en 1991. D'où une succession de procès alimentés par le deuil et par une vindicte excessive, exacerbée par le choix des parents : ils se sentaient responsables de leur option (pour le bien de l'enfant) alors que sa pathologie le condamnait à rester nain (effet de statu quo, jugé préférable *a posteriori*).
Les médecins et pharmaciens impliqués avaient respecté les pratiques cliniques en vigueur à l'époque. Une fois les dangers repérés et confirmés, le traitement a été abandonné, d'autant plus qu'une hormone de synthèse avait été introduite en 1985.
Les procès qui se sont succédé ont mis en évidence le biais rétrospectif : quand ils ont eu lieu, longtemps après les faits, la toxicité potentielle de l'hormone prélevée sur les cadavres était connue de tous et il semblait impossible que les protagonistes du drame aient pu l'ignorer, sauf à être incompétents ! Le premier procès eut lieu en 2008, poursuivant des personnalités du monde médical pour homicide involontaire et tromperie. D'appel en cassation, ce n'est qu'en 2016 que l'affaire connaîtra, plus de 35 ans après les faits, son épilogue judiciaire. Entretemps, la plupart des intervenants étaient morts. Les deux derniers seront mis hors de cause.

Une grande maison
On constate régulièrement le refus des gens à réévaluer une situation qui a entretemps changé. Un jeune couple achète une grande maison qui convient pour leur nombreuse famille. Leur âge leur permet d'entretenir le bien et le jardin.
Trente ans plus tard, les enfants sont partis, le couple a vieilli et la maison devient trop grande, onéreuse dans son entretien, difficile à garder. L'acquisition était rationnelle, le maintien est uniquement affectif.
Rares sont ceux qui décident de vendre, en temps utile, pour un bien plus adapté, trouvant de multiples excuses (« c'est pour quand les enfants ou petits-enfants reviennent », etc.). L'idée de la perdre est insupportable et l'emporte sur la notion qu'un patrimoine qui a été bien vécu pendant des décennies, peut être transformé sans que cela soit une *perte*.

D'autres effets relèvent de cette aversion à la perte :
- L'*effet de dotation* surestime la valeur d'un bien dont on est propriétaire (qu'il s'agisse d'une maison, de bouteilles de vin, d'une vieille voiture, etc.). Aristote avait signalé cette valorisation différente entre ceux qui possèdent et ceux qui veulent obtenir. Dans un monde où la possession était rare, c'était compréhensible, mais dans le nôtre, où les besoins essentiels sont assouvis, ne faut-il pas s'interroger ?
- L'*effet Ikea* consiste à accorder plus de prix à ce qu'on a exécuté soi-même (travaux réalisés chez soi) ; on cherchera ultérieurement à en tirer profit, par exemple lors de la revente du bien, alors que les acquéreurs y sont peu sensibles car ils modifieront à leur tour ces aménagements).

Cette aversion explique pourquoi les tentatives de réforme à grande échelle échouent : la somme de petites négativités l'emporte sur la globalité du positif. Chacun, même d'accord sur l'essentiel d'une réforme, la rejettera si un seul point est susceptible de le pénaliser. Pourtant, pour prévenir une perte minime, faut-il laisser le système s'effondrer, avec des dégâts potentiellement supérieurs ?

L'asymétrie des pertes intervient aussi : les concessions de l'autre semblent moins douloureuses que les siennes. La sensation de perdre, même peu ou hypothétiquement, l'emporte sur les bénéfices escomptés. On l'a constaté lors de la réforme des retraites en France. Pourtant, certains privilèges anciens, aujourd'hui obsolètes, doivent être corrigés puisqu'ils génèrent des inégalités injustifiées, donc indues.
Il est préférable, au lieu de tout déplorer systématiquement, de repérer les éléments pertinents sur lesquels on pourra se mettre d'accord.

Exemple :

Conducteurs de train
Au début du XXe siècle, un chauffeur de locomotives à vapeur avait un métier particulièrement pénible, physique, dans la chaleur de la combustion. Est-ce encore le cas des conducteurs de trains, électriques et au confort accru ? Certes, ils ont toujours des responsabilités, à valoriser le cas échéant, mais recourir à la notion de pénibilité excessive (justifiant, par exemple, un départ précoce en retraite) est un abus.
Alors que, depuis la révolution, tout privilège suscite de la suspicion, dans ce cas, les syndicats exigent le maintien d'avantages indus.

L'aversion à l'échec témoigne de la propension à ne prendre aucun risque plutôt qu'à échouer. La honte de l'échec (présumé) l'emporte sur la fierté d'obtenir, peut-être, un excellent résultat.
C'est directement lié à *l'estime de soi* et à la *confiance*, deux éléments acquis dès l'enfance. Il existe en effet une corrélation entre un milieu parental pauvre et le manque d'ambition. De fulgurantes exceptions ne suffisent pas à masquer cette réalité. Ceux qui redoutent l'échec évitent les défis et se contentent d'objectifs simples. Tout groupe dans lequel on est immergé sert de point de comparaison. C'est ce que les Américains appellent *l'effet du gros poisson dans un petit étang.*

Elle pousse à préférer un groupe moins talentueux qui donne une impression fallacieuse de supériorité plutôt que de se confronter à des personnes plus compétentes, qui seraient stimulantes. Il faut trouver un juste milieu : un groupe trop faible, en empêchant toute progression, finira par nuire et un groupe robuste blessera la confiance. Certains préfèrent, comme le dit l'adage, être le premier à la campagne plutôt que le deuxième en ville, d'autres accepteront des challenges motivants.

Les personnes en manque d'estime, confrontées à plus fort qu'elles, se sentent amenuisées, même dans le cadre d'activités ludiques (sport, musique, jeu de société…). En préférant des victoires faciles, qui flattent leur ego, elles renoncent à des confrontations stimulantes. Conscient de sa valeur dans certains domaines, on peut admettre une infériorité dans d'autres sans que l'ego ne s'en offusque.

Au tennis, par exemple, à l'exception des professionnels, la plupart des joueurs sont des amateurs qui cherchent (ou devraient chercher), par leur pratique, à partager des instants ludiques avec des partenaires qui ont la même optique. Victoire ou défaite importent peu par rapport à l'objectif. Cette aversion est si puissante qu'elle a des répercussions chez de grands champions.

<u>*Exemple :*</u>

Golf

Au golf, le *par* est considéré comme la base d'une bonne performance et les résultats sont souvent renseignés en fonction de ce critère : tel joueur est à un point au-dessus ou en dessous du *par*.

Le *birdie*, un coup sous le *par*, est considéré comme un gain. Le *bogey*, un coup au-dessus du *par*, est un coup inférieur, assimilé à une forme de perte. Souvent, quand la balle est sur le *green*, un joueur peut effecteur un coup (*putter)* qui, selon les cas, lui permettra d'éviter un *bogey* ou de réaliser un *birdie*.

On l'a compris : rater un *birdie* n'est pas envisagé comme une réelle perte mais plutôt comme une occasion manquée. Toutefois, sur 2,5 millions de coups passés en revue par une étude, que le *putt* soit facile ou pas, les joueurs réussissent mieux quand il s'agit d'éviter un *bogey* (perte) que pour réussir un *birdie* (3,6% de différence !).

C'est aussi vrai du champion Tiger Woods. Des chercheurs ont calculé que, si ses coups pour réaliser un *birdie* avaient été aussi bons que ceux pour éviter un *bogey*, il aurait gagné 1 million de dollars supplémentaires par saison[31].

L'aversion à l'échec n'est pas perçue de manière équivalente dans les sociétés, notamment dans leur système éducatif : certains pays (les États-Unis, les pays nordiques) voient dans l'échec, non une incompétence, mais un chemin possible vers le succès. Il n'est donc pas systématiquement puni mais s'inscrit dans un parcours comprenant des encouragements et l'évaluation de certaines options.
D'autres pays (dont la France) ont tendance à considérer l'échec comme une forme d'inaptitude, avec le risque d'exclusion qui peut en résulter. C'est un concept dommageable : on peut tirer parti d'un revers si on en étudie les causes. Des échecs bien compris permettent une forme de résilience que les psychologues et éducateurs disent encourager mais qui n'est pas toujours valorisée ni possible (quand l'échec exclut sans être réfléchi).
Des approches distinctes ont été privilégiées pour préserver l'égalité de tous, y compris en proposant le « zéro échec ». Cela ne peut se faire qu'au prix d'un nivellement par le bas qui dégrade le système éducatif et n'épanouira ni les performants ni les plus faibles.

Il faut impérativement séparer le *résultat de la qualité du processus* : un issue heureuse relève parfois de la chance et un revers de la fatalité. En réfléchissant aux paramètres négligés, on pourra vérifier en quoi ils pouvaient modifier le résultat final pour minimiser la part de destin.

[31] Cité par Daniel Kahneman, *Système 1/ Système 2*, op. cit.

En bref :

Le biais rétrospectif ***réécrit l'histoire*** *et rationalise* ***après-coup*** *pour que le présent soit cohérent avec le contexte passé.*
Pour l'éviter, avant de grandes décisions (personnelles ou professionnelles), on établira, par écrit, la liste des éléments pris en considération, en pondérant leur importance respective (en chiffrant l'intérêt, ou la portée, qu'on leur accorde initialement). Cela contraint à clarifier ses pensées à un moment non suspect. On apprécie le contexte, on cherche les alternatives, on estime leurs probabilités et leur valeur.
Ce préalable est rare. Or, il permettrait de discerner ce qui a bien, ou mal, tourné, de percevoir le moment où la situation a dérapé sans entraîner de réaction ou d'identifier des paramètres ignorés qui se sont avérés fondamentaux (étaient-ils prévisibles ?). A contrario, on découvrira un point négligé qui aurait pu avoir des conséquences néfastes s'il s'était concrétisé. Cette approche permet d'apprendre d'un échec ou d'un semi-échec.
Les aversions à la perte et à l'échec soulignent l'extrême ***sensibilité à la négativité****, supérieure à celle liée aux gains. Leur composante émotionnelle explique la tendance à persister dans une attitude qui a réussi et à éviter une stratégie qui a échoué, sans les analyser. Or, seule importe la qualité du* ***processus décisionnel*** *: si celui-ci est médiocre, l'échec surviendra, même si des réussites chanceuses ont pu faire croire le contraire. A l'inverse, on peut valider, après réflexion, une approche qui a échoué si on estime qu'elle est appropriée au nouveau challenge car son processus était correct.*

*Du point de vue neurologique, l'***amygdale** *intervient aussi dans la composante émotionnelle des récits, comme elle le fait dans d'autres situations dangereuses. Le* ***cortex temporal*** *gauche (chez les droitiers) joue un rôle fondamental dans les récits et, globalement, l'hémisphère gauche intervient dans la perception consciente du langage, de ses limites et de ses imprécisions.*

2. LA NARRATION

Nous aimons les narrations qui donnent du sens au monde. Le récit, bien agencé, organise des faits disparates autour d'un axe cohérent dont l'homogénéité apparente peut n'être consécutive qu'à la part d'inconnu qu'on a négligé. C'est alors une *erreur de narration* qui exploite le désir d'histoires séduisantes, simples, concrètes, accordant le rôle principal au talent en se concentrant sur quelques éléments marquants.

Ce qu'on voit et rien d'autre

C'est un travers répandu que de décider avec peu d'informations : on se focalise sur ce qu'on observe et qu'on connaît parfaitement, souvent dans un cadre étroit, au détriment de ce qu'on ignore (et qu'on ignore ignorer). C'est ce que démontre l'effet Covera, qui provient d'un acronyme, discutable (Ce qu'On Voit Et Rien d'Autre) : on néglige l'inconnu parce qu'on *croit* le prendre en compte. Or, ce manque d'information peut invalider la décision. Chacun en sait moins qu'il ne le pense. Avec le biais de confirmation, chacun se forge des opinions sur des sujets qu'il maîtrise mal en extrapolant, par association, des idées superficielles à des savoirs inconsistants. Un fait isolé suffit pour déclencher un récit causal : on bâtit des histoires inconsistantes et on en tire des conclusions hâtives, qu'on croit partagées (par des proches) ou soutenues par les castes qui en bénéficient.
La confraternité (qu'elle soit médicale, juridique, économique, monastique, religieuse…) entretient une confiance sans faille pour ses membres, excluant, du bout des lèvres, quelques brebis galeuses, mais n'hésitant pas à justifier, trop longtemps, des pratiques délétères.

Exemples :

L'histoire de Chloé (1)
On dit : Chloé est une femme intelligente et motivée.
Puis on demande : « Fera-t-elle un bon chef d'équipe ? »

La plupart des personnes interrogées répondront par l'affirmative.
Mais si on annonce : « Chloé est une femme coriace et antipathique », beaucoup répondront par la négative à la même question.
Pourtant, *à aucun moment*, on a mentionné le type de travail qu'on attend d'elle. Et on ignore les autres compétences de Chloé.
Au lieu de répondre rapidement et maladroitement, il aurait fallu poser d'autres questions et s'informer davantage : quelle est la nature du travail ? Quelles sont les qualités requises dans ce contexte pour être un bon chef ?

L'histoire de Chloé (2)
On annonce : nous avons deux candidats pour le poste : Chloé est intelligente et motivée mais d'un tempérament coriace et antipathique. L'autre, Dana, est une femme coriace et antipathique mais intelligente et motivée.
On demande à des personnes laquelle semble la plus apte pour un poste (qu'on précise si nécessaire).
La plupart préfèreront Chloé, qui ne se distingue de Dana que par l'ordre de présentation des items (on reviendra sur ce fait curieux).

L'erreur de narration, et son aggravation par l'effet Covera, explique les biais d'optimisme, de formulation et de cadrage.

Le biais d'optimisme

Le biais d'optimisme témoigne d'un excès de confiance en soi. Pernicieux, il empêche les remises en question, chacun étant persuadé de sa compétence ou de ses capacités analytiques. Rien de plus trompeur qu'une auto-évaluation, jamais objective ni critique. Ce biais relève des ganglions de la base et d'un neurotransmetteur, la dopamine, rencontrés dans l'introduction. L'erreur de prédiction (ce qui sépare le résultat obtenu par rapport aux attentes) est un mécanisme qui facilite l'apprentissage : c'est en tenant compte de cet écart qu'on corrige les décisions futures au lieu de répéter la même erreur.

Ses choix définissent l'individu. Pourtant, ses décisions reposent sur des informations incomplètes ou imprécises. Il peut *croire* qu'il va réussir dans telle entreprise, ou qu'il n'aura pas d'accident ou de maladie. Mais il ne le *sait* pas. Pourtant, il sous-estime les risques (par rapport à ce que les statistiques déterminent) : il y a donc un optimisme viscéral étonnant.
Si on demande à des personnes d'estimer un risque (le fait de souffrir, plus tard, d'une maladie d'Alzheimer), le chiffre qu'elles proposent sous-estime la réalité. Si on leur procure les statistiques exactes, elles auront tendance à peu corriger leur appréciation initiale. Elles estimaient le risque, pour elles, à 5% et on leur précise qu'il est de 25 % dans la population générale. Elles ré-évaluent leur propre risque à 8% seulement.
Pour d'autres estimations, comme un cancer chez les fumeurs, l'évaluation des non-fumeurs sera souvent haute mais, une fois la valeur exacte fournie, elle sera intégrée et elles le feront leur.
Comment expliquer cette distorsion ? L'imagerie cérébrale a montré que des zones distinctes du cerveau s'activent selon les cas : le cortex préfrontal gauche, pour des informations favorables, le droit pour des événements négatifs. Il existe un équilibre entre les hémisphères mais on y retrouve une asymétrie bien connue : les bonnes nouvelles ont plus de poids que les mauvaises, d'où le hiatus observé.
Un optimiste ignore les mauvaises nouvelles plus qu'un pessimiste. L'optimisme, modéré, est une qualité, car il mobilise davantage, pousse à entreprendre et à innover. Des tests psychologiques l'ont corrélé à une meilleure qualité de vie. Bien sûr, toutes les personnes courent les mêmes risques, mais les optimistes pensent pouvoir échapper aux statistiques.

<u>*Exemples :*</u>

Conduite automobile

On demande : Êtes-vous plus prudent que la moyenne des conducteurs ?
90% des gens le pensent. C'est confondre entre la moyenne (somme arithmétique des données divisées par leur nombre) et la médiane (valeur qui divise un groupe en deux parts égales selon un critère, ici la prudence). Car il est évidemment impossible que

90 % des conducteurs soient supérieurs à la médiane (on y reviendra dans le *chapitre 5* consacré aux biais statistiques)

Création d'entreprise
On demande à des entrepreneurs leur avis sur les chances de réussite d'un collègue qui lance sa propre entreprise ?
En général, connaissant les difficultés de ce challenge, les réponses oscillent autour de 50 % et les chiffres statistiques régulièrement publiés le confirment.
Mais la même question, consacrée à sa propre entreprise, posée à un entrepreneur qui se lance obtiendra une réponse proche de 100 %.

Mariage
On demande à des personnes présentes à un mariage à combien ils estiment les chances de succès de celui-ci, les réponses oscillant autour de 60 %, proches de ce que disent les statistiques.
Mais la question posée aux jeunes mariés donnera une réponse de 100%.
Comme le disait, avec humour, Oscar Wilde : le premier mariage est le triomphe de l'imagination sur l'intelligence, le second de l'espérance sur l'expérience.

D'une manière générale, on amalgame jugements moraux et compétences scientifiques : on est contre le nucléaire, parce qu'on a entendu une émission à la télévision ou parce que, émotionnellement, on pense à Hiroshima ou Nagasaki (mais, dans ces deux cas, c'était une bombe, qui se servait du nucléaire pour tuer, dans le but d'éviter une guerre plus longue) ou encore à Tchernobyl (un accident, déplorable, lié à l'imprudence et à l'incompétence). Qui peut *réellement* expliquer le fonctionnement d'un réacteur nucléaire dans une centrale et pointer ses failles ?
On évoquera l'indispensable principe de précaution. Mais, dans ce cas, il faudrait aussi renoncer à toute métallurgie puisque le métal, via les armes blanches ou les automobiles, tue des milliers de personnes chaque année.

Exemple :

Ecologie
Certains écologistes voulaient rendre obligatoire la mention d'OGM sur les emballages d'aliments, exigence légitime.
Mais ils ont aussi demandé, ensuite, que toute trace d'ADN dans la nourriture soit mentionnée. Cette position est absurde puisque toute alimentation est d'origine organique et contient de l'ADN.

Le biais d'optimisme intervient quand il s'agit d'estimer le *coût d'un projet* et le temps de réalisation. Cela vaut pour une maison individuelle comme pour toute autre exécution (un mémoire à déposer…).
Même avertis de ce travers, les gens récidivent, affirmant *mordicus* que, cette fois, leurs prédictions sont réalistes. D'où la récurrence du problème. Le langage professionnel y contribue : vocabulaire ciblé, rhétorique ajustée, références sélectionnées semblent réduire toute possibilité d'erreur, ce qui n'est pas le cas car le biais table toujours sur des délais optimisés.

Il semble logique de subdiviser un problème, de le simplifier, pour en venir à bout. Toutefois, il ne faut pas sous-estimer le risque des probabilités composées : un petit risque à chaque étape peut entraîner des distorsions majeures à l'arrivée.

Exemples :

Le coût d'un projet
La gestion du coût et/ou du temps de projets en constitue un prototype maintes fois vérifié (qu'il s'agisse de constructions, de la réalisation d'un travail ou de la rédaction d'un mémoire…) ; l'erreur d'appréciation peut monter à plusieurs centaines de % !
On cite souvent le montant de l'opéra de Sydney estimé à 7 millions de dollars mais qui en a coûté 100 millions !

Le temps d'un projet
Cela ne vaut pas mieux pour les délais de sa construction : l'opéra devait être achevé en 1963, il l'a été en 1973 !

Des études ont montré que, dans des situations complexes, quelqu'un qui dit être certain à 100% se trompe dans 20% des cas. Avoir des raisons de croire ne suffit pas à donner raison.

Le biais d'optimisme donne l'impression (fausse) d'un contrôle de la situation passée mais l'applique aussi au futur. Pensant avoir compris le passé, il estime contrôler le futur. C'est *l'illusion de compétence* (on croit savoir faire), associée à l'*illusion de compréhension* (on croit savoir). Or, le cerveau n'a pas été *conçu* pour comprendre le monde mais pour y survivre.

L'illusion de compétence ne touche pas tous les domaines. Ce n'est pas parce qu'on prend du paracétamol pour un mal de tête qu'on se pense neurochirurgien opérant une tumeur cérébrale ! Ce n'est pas parce qu'on a un permis pour conduire un avion biplace qu'on maîtrise un Airbus.
Mais dans d'autres champs, comme la politique et l'économie, l'illusion joue. Beaucoup s'y sentent capables de donner leur avis autorisé intégrant les répercussions à long terme. Or, interagir avec l'environnement implique des connaissances qui, depuis des siècles, se sont spécialisées, empêchant quiconque de tout maîtriser. Les sociétés l'ont compris et la division du travail y pallie : aux uns la réparation des voitures, aux autres la réalisation d'une toiture ou d'un acte chirurgical. Cette répartition libère du temps pour l'activité principale, sachant que d'autres tâches seront prises en charge par des personnes compétentes en leur domaine.
Cela évite l'effet *Dunning-Krüger,* cette impression de supériorité affichée par des gens disposant de peu d'aptitudes. Ils ont une confiance excessive sur la validité de leurs énoncés, car ils négligent leur part d'ignorance.

Transformer une *information en savoir* implique un travail assidu, rarement accompli par ceux qui *croient* savoir. C'est la raison pour laquelle toute connaissance étayée a des droits que l'ignorance ne peut avoir. A rebours des conversations de bistrot, aux effets limités, et aux informations des réseaux sociaux et sites alarmistes ou fantaisistes, n'importe qui ne peut se prévaloir d'un droit à la parole pour dire n'importe quoi. Il faut refuser, avec fermeté, les dérives de ces ignorants, répéter que toute prise de parole implique une compétence dans le domaine. Le principe d'égalité n'est pas suffisant pour accorder le droit de parole à tous car, maints avis prétendument éclairés relèvent de l'effet Dunning-Krüger. Il faut toujours se poser la question suivante : d'où la personne qui s'autorise à objecter tire-t-elle sa compétence (même avérée) et dispose-t-elle de l'expérience ou du niveau requis pour contredire ?

Le biais de formulation

Le biais de formulation témoigne de l'importance de la présentation, surtout dans les domaines sensibles aux décisions complexes, avec leurs incertitudes quasi constantes. Une *formulation* qui insiste sur les gains réveille parfois l'aversion au risque et favorise l'option par défaut du statu quo. Par contre, un énoncé qui insiste sur les pertes évitées incite plus facilement au changement : une campagne publicitaire qui souligne qu'en ne faisant pas tel geste (éteindre la lumière, vérifier le robinet ou la chasse qui fuit), on perdra à coup sûr 300 €/an aura plus de succès que des annonces qui précisent que ce geste peut rapporter un montant identique. C'est encore lié à l'aversion à la perte plus forte que le désir de gain. De mêmes probabilités, formulées autrement, modifient les comportements.

Attirer l'attention sur un point de la formulation est une technique classique dans de nombreuses situations, notamment dans le cadre de sectes. On commence par faire admettre un détail ponctuel, évident pour tous (« vous êtes d'accord qu'un être vivant est plus complexe qu'une montre »), puis on l'étend à d'autres situations (« si vous trouvez une montre dans le désert, vous admettrez forcément que quelqu'un l'a fabriquée »). L'individu s'inscrit dans une histoire crédible dont il partage les prémices mais qui l'emmènent, parfois au-delà du raisonnable. Par exemple quand on lui affirme : « vous serez donc d'accord avec moi pour affirmer que la vie implique obligatoirement un créateur ». D'avoir accepté en confiance les préliminaires, l'individu perd son sens critique. Le caractère graduel de chaque étape rend invisible l'éventuelle absurdité qui se dégage de l'entièreté du récit.

Exemples :

11 septembre
Après les attentats du 11 septembre, certains récits ont fait état que des milliers d'enfants étaient devenus orphelins. L'émotion ambiante, la simplicité du récit, des arguments apparemment convaincants ont provoqué une importante levée de fonds.
Or, une étude ultérieure a montré qu'aucun enfant américain n'avait perdu ses deux parents et, en conséquence, qu'il n'y avait pas un seul orphelin !

Mourir de faim
Régulièrement, on observe des surenchères concernant la mortalité présumée des enfants dans le monde. Certaines personnalités ont parlé jusqu'à 40.000 enfants mourant de faim, quotidiennement. Cela ferait 15 millions de décès annuels alors que l'OMS évoque 10 millions, toutes causes confondues (guerres, homicides familiaux, accidents…)

Intervention chirurgicale
Un chirurgien annonce qu'une intervention présente un taux de survie de 90% à 30 jours. Un autre dit que 10% des patients meurent le premier mois. Tout le monde choisira le premier, alors que les options sont identiques !

Médicaments
Dans le même registre, on préfère un médicament qui sauve 400 vies à un autre qui a une chance sur trois d'en sauver 1200.
Le premier semble sauver réellement les vies alors que le second n'offre qu'une réalité statistique, moins convaincante.

Maladie
Une maladie sur une île a tué 24 % des habitants.
Une autre affection vient de tuer 1280 personnes sur 10.000.
Cette dernière semble pire que la première car on visualise mieux 1280 morts que 24% (encore une notion statistique).

Un bon fromage
Une personne qui souhaite vendre un produit peut présenter l'information pour que le cadre soit étroit : un fromage garanti à

80% sans substances grasses semble préférable à un autre qui affiche 20% de matière grasse…

Nombre et %
1000 américains sont tués chaque année par des schizophrènes. Tout le monde va crier au scandale ; si la même information est présentée en pourcentage, elle devient insignifiante : 0,00036% des morts annuels.

La présentation d'études pharmacologiques peut déboucher sur d'apparents paradoxes qui, avec des prémisses identiques, autorisent des conclusions opposées.

Exemple :

Etudes pharmaceutiques
Un délégué de la firme a présenté à des médecins une étude comparative entre son traitement et celui de la firme concurrente BY ; ces deux molécules ont été testées dans deux hôpitaux différents.
L'étude 1 (testée auprès de 40 patients) a démontré que, sur 12 patients qui ont reçu le traitement AX, 9 ont guéri (soit 75% de guérison) ; quant aux 28 patients disposant du traitement BY ; 21 guérirent (66%). Le traitement AX semble supérieur.
L'étude 2 (40 patients également) a été réalisée dans un centre universitaire réputé plus sévère quant aux normes de guérison. On s'attend donc à des résultats moins bons.
Sur 28 patients disposant du traitement AX, 14 guérirent (soit 50%) ; sur les 12 patients traités avec le BY, 4 guérirent (soit 33% seulement). Ici aussi, AX apparaît supérieur.

Le lendemain, un délégué de la firme B démarche les mêmes médecins. Il dit comprendre leur emploi du temps chargé et ne souhaite pas entrer dans le détail des études et se contentera d'une méta-analyse globale.

Sur les 80 sujets, 40 ont été traités par AX et 40 par BY. Les chiffres disent que AX a guéri 9 + 14 patients soit 23 (57%) alors que BY en a guéri 21 + 4 soit 25 (62%).
BY est donc, à l'évidence, supérieur !

Statistiquement (on verra, dans le chapitre 5, que ce domaine est une source majeure de biais), ce second raisonnement est totalement faux. Est-ce que tous les médecins le vérifieront ?

Formuler n'est jamais anodin et affecte la fiabilité des réponses. Les émotions influencent la perception de la question, l'estime de soi oriente la réponse, ne serait-ce qu'en y intégrant des jugements moraux. Préjugés et stéréotypes entrent en jeu.
La peur de ne pas donner les réponses *attendues* intervient aussi, alors qu'on ignore souvent ce qui est attendu.

Le biais de cadrage

Le biais de cadrage (parfois appelé *framing*) poursuit le biais de formulation. Ce dernier présentait une information (déjà potentiellement biaisée) mais, ici, c'est le cadre global qui détermine la perception d'une information.
Ce biais est utilisé dans les énoncés de sondages, conduisant à des réponses différentes. Le résultat peut être influencé, avant le début de l'enquête, en fonction des buts poursuivis, ne serait-ce que par le manque de neutralité de l'intitulé.
Une question comme « Est-ce que vous voteriez pour un président noir ? » souligne implicitement que la couleur de peau pourrait avoir de l'importance dans l'intention de vote.
D'autres formulations (Est-ce que, *par hasard*, quelqu'un est contre cette proposition formidable ?) orientera le débat.
Ou encore, poser une question fermée s'apparentant à une affirmation : « Dès lors, vous estimez que les propos du président sont intolérables ? » La réponse est virtuellement présumée par le journaliste ou l'enquêteur.
L'ordre des questions n'est pas anodin : après avoir répondu affirmativement à la question : « Êtes-vous prêts à lutter contre le réchauffement planétaire ? », comment ne pas encore acquiescer à la question suivante : « Donc, vous envisagez

d'acquérir un véhicule électrique ? ». La réponse risque de manquer de nuance alors que, posée isolément, cette seconde question entraînerait sans doute des avis plus subtils, prenant en compte le prix de ces véhicules, par exemple.

Le rétrécissement du cadre, proposé par le système automatique, est un danger permanent qui fait la part belle à l'intuition, pourtant inopérante ici, comme on le verra dans le *chapitre 4* consacré aux jugements.
Pour faciliter ce cadre étroit, on influence le cerveau par le visuel : un enfant mort sur une plage suscitera, en l'absence de recherche sur les informations globales qui entourent ce décès, une vague d'émotions qu'un argument rationnel sur le problème des migrants permettrait de relativiser ou de placer dans un contexte géopolitique plus large.

En bref :

En situation de décision urgente, beaucoup utilisent des routines qui simplifient excessivement le monde : c'est l'effet Covera qui peut être redoutable et qui doit inciter à s'informer et à analyser correctement avant de décider.
Avec le biais d'optimisme, chacun s'estime compétent (ou plus compétent qu'un autre) et estime, de ce fait, valoir plus. Pourtant, dans une société de savoir, chacun doit croire par ***délégation*** *: la part de la savoir individuel est infime dans un monde où les connaissances s'accroissent rapidement. D'où la nécessité de s'entourer de personnes compétentes.*
Une part d'optimisme est nécessaire dans tout projet mais elle doit rester mesurée et objective, sans confondre ambition et manque de réalisme.
Dans toute présentation, la ***formulation importe*** *: incorrecte, elle mine les meilleures stratégies. Reformuler le problème, pour soi-même, avec son propre vocabulaire, peut y déceler des failles. On peut aussi faire préciser : « si je comprends bien votre intervention, vous pensez que... ». Il faut toujours* ***éviter*** *la réduction du problème à* ***un mode binaire*** *en suggérant d'autres perspectives que celles qu'on cherche à imposer :« Je me fais peut-être l'avocat du diable, mais... »*

Tout savoir crée de nouvelles ignorances, à ne pas négliger. L'intelligence dans un domaine ne protège pas de la stupidité ailleurs. Raison de plus pour refuser les approches binaires (Like / Unlike, J'aime / Je n'aime pas) car une situation complexe ne se laisse jamais enfermer dans des explorations hâtivement dichotomiques, suspectes de pensée unique.

Tout problème complexe doit être abordé avec un ***grand angle*** *qui intègre des scénarios alternatifs, disposant de points de vue variés, de perspectives diverses autorisant une réflexion plus globale. C'est pourquoi il faut privilégier les cadres larges. En prenant en compte plus de paramètres, dont l'historique de la situation (son passé, son évolution future prévisible), ils sont moins sensibles que les cadres étroits au présent (et aux émotions inhérentes). L'élévation des points de vue autorise bien plus de solutions qu'une analyse rapide au ras du sol.*

Du point de vue neurologique, ces différents biais opposent, une fois encore, les noyaux du système automatique, plutôt optimistes, et ceux du système exécutif, prudents, plutôt enclins à freiner les ardeurs des premiers. La mise en récit implique l'argumentation, la mise en perspective, ordonnée, des éléments pertinents, déclinés logiquement. Cela s'apprend. Il faut convaincre ou persuader, détecter les idées divergentes qu'on oppose et leur pertinence. Un esprit critique est nécessaire. Cela demande une intelligence générale, en partie innée, mais largement apprise et basée sur un travail régulier. On y reviendra dans le chapitre 4 consacré aux jugements.

Que retenir de ces biais du récit ? Ils parlent d'abord aux émotions et s'intéressent, avant tout, à l'estime de soi. Si on ne peut réécrire l'histoire (biais rétrospectif), on peut par contre orienter le récit qu'on en fait, y introduire une rationalité qui était absente, ajouter des émotions pour convaincre l'auditeur. C'est pourquoi tout récit doit être confronté aux faits et, lorsque c'est possible, aux savoirs qui étaient disponibles au début de l'histoire (comme on l'a vu avec ce qu'on a appelé le scandale de l'hormone de croissance). On maîtrise toujours moins qu'on ne

le pense une situation complexe, qu'un récit orienté aurait tendance à simplifier voire à présenter de manière binaire.
Le récit sert aussi de support à ces travers que sont l'aversion à la perte, le statu quo et l'aversion à l'échec, qui mettent en échec, par des histoires parcellaires critiques, des projets de grande ampleur.
Les récits personnels et ceux destinés à des groupes particuliers (retraités, indépendants, entrepreneurs...) insistent sur les catastrophes qui s'annoncent à l'horizon si certaines mesures sont prises, certaines lois votées.
Les médias adorent titrer : « Ce qui se passera si Untel est élu » ou « Les dégâts économiques qui *pourraient* avoir lieu si... ». La plupart des craintes se révèlent infondées. Pourtant, aucun journal, ou presque, ne se justifie d'avoir lancé des messages d'alerte erronés. Ces narrations, quand on les analyse, se révèlent d'une pauvreté confondante car elles adoptent toujours un angle étroit, focalisé sur le négatif.

Les récits de grande ampleur ne sont pas indemnes de toute critique. Le philosophe Lyotard[32] a développé une critique des grands récits en remettant en question les pensées totalisantes qui constituent la modernité, depuis les Lumières. La complexité du monde ne peut être contrainte par une unique approche, qu'elle soit marxiste, structuraliste, psychanalytique ou phénoménologique.
Le champ des compétences a éclaté et le savoir fragmenté des différentes disciplines impose une coexistence des éruditions et des connaissances, incompatibles entre elles.
Tout discours est relatif et, quand il se présente de manière structurée et convaincante, il ment. Il faut donc se méfier de toute narration qui privilégie certains codes et qui minimise les pensées alternatives.
Dans une narration, on peut cacher volontairement certains éléments ou faits. On peut aussi se croire de bonne foi et être, involontairement, leurré car on ne prend pas en compte des points qu'on ignore : on donne alors une narration partielle qui néglige

---

[32] Jean-François Lyotard, *La condition post-moderne*, Les Éditions de Minuit, 1979

l'inconnu, on en tire un biais d'optimisme qui fait croire qu'on maîtrise davantage la situation que ce n'est le cas. D'un autre côté, si on ne peut éviter l'échec, on ne peut pas toujours avoir tort, d'où l'importance d'une juste appréciation des éléments qu'on intègre au récit et qui contribue à son poids décisionnel.

On ne peut réécrire l'histoire mais chacun peut orienter le récit qu'il en donne, à titre personnel ou dans un contexte plus large (historien, politicien...). L'étude des faits, notamment la prise en compte du contexte et des éléments qui ont conduit au début du récit, est indispensable, de même que la prise en compte d'un cadre le plus large possible, qui évite l'écueil des particularismes.

Ces narrations, plus ou moins abouties, orales ou écrites, sont destinées à être transmises à des interlocuteurs. Elles devront alors se confronter aux jugements de la société dans laquelle le récit baigne. Se faisant, le processus s'expose à de nouveaux biais.

Chapitre 4
Le jugement, biais et bruits

Si, pour beaucoup, le jugement est une notion limitée à la sphère juridique, dans le contexte des biais cognitifs, sa signification intrinsèque est plus large, concernant toute opération mentale qui *associe une impression à une valeur*.

Juger fait intervenir l'intelligence, qualité mentale faite de curiosité, d'approche pluridisciplinaire, à la fois tolérante et exigeante : elle cherche les causes de ce qu'elle observe et sépare nettement les faits de leur interprétation. Ouverte et capable de se remettre en question, elle cherche à circonscrire le problème. Elle cherche, parmi les explications qu'elle a débusqué, celle qu'elle privilégie et elle le justifie en explicitant les méthodes utilisées, sans se laisser distraire par des préoccupations secondaires afin de ne pas perdre de vue les enjeux. Elle connait ses limites et celles qu'elle ne doit pas dépasser. Elle sait qu'elle peut se tromper mais sa démarche rigoureuse doit, théoriquement (et idéalement) minimiser ce risque. Plus que la certitude, cette pensée cherche à écarter certains doutes, à éluder les biais ou les manipulations, à débusquer les idées toxiques qu'on voudrait lui faire avaler.

Dans une situation donnée, il faut discerner ce qui ne relève pas d'une connaissance certaine pour gérer, avec compétence, une part de doute. C'est pourquoi le jugement s'applique à des domaines variés : juridique, médical, économique, etc. Quand un médecin affirme à un patient qu'il n'a pas de pathologie, il émet une appréciation, motivée par ses connaissances et la réalisation d'éventuels examens, mais il n'est jamais certain de dire le vrai. Idem pour un juge qui émet un verdict de culpabilité en dehors d'un flagrant délit, en se basant sur les éléments de l'enquête. Et pour un économiste qui doit se prononcer sur l'évolution des marchés dans les prochains mois.

Un jugement motivé cherche à comprendre une situation qui n'est pas certaine avec des garanties d'équité permettant une action juste. Il n'est ni un calcul (dans le domaine des mathématique, les mêmes données, correctement appliquées, arrivent aux mêmes résultats) ni une opinion (celle-ci est intuitive, émotionnelle, sans compétence assumée, donc éminemment variable).
Dans tous ces cas, celui qui évalue a des raisons de *croire*, à tort ou pas, que ce qu'il tient pour vrai l'est, effectivement. Un médecin ne rassure pas un patient qu'il pense malade. Un économiste (sauf à être intéressé) ne prônera pas des stratégies qu'il sait néfastes.
Juger relève d'une conscience humaine car la nature ne juge pas. On statue selon ce qu'on croit savoir mais aussi, hélas, selon des valeurs personnelles, plus ou moins étayées, d'où l'existence de biais sévères.

Certains jugements sont *prédictifs* : portant sur le futur, ils visent l'exactitude mais s'expriment souvent par une probabilité. Pourtant, sauf à être de 0 ou 100 %, ces verdicts sont irréfutables car impossible à démentir.
On demande à un expert de préciser celui des deux candidats qui remportera la prochaine élection ; il prédit que le 1er possède 90% de chances de l'emporter, le second 10%. Quel que soit le résultat, sa prédiction se vérifiera et il pourra toujours justifier pourquoi celui auquel il n'avait donné que 10 % est néanmoins élu.

D'autres arbitrages, *évaluatifs,* portent sur le passé (c'est le cas des procédures judiciaires qui jugent, aujourd'hui, un délit d'hier) ou sur le présent (en économie notamment : je décide, ce jour, de vendre certaines actions car je pense le climat propice).
Le jugement est, habituellement, le travail d'une personne compétente fournissant une appréciation motivée sur une problématique qui lui est soumise. Elle agit dans un contexte historique, sociétal, parfois religieux, déterminé et elle se justifie en fonction des raisonnements valides à ce moment et des moyens de preuve disponibles.

On peut aussi s'appliquer à soi-même un jugement personnel, par exemple quand on évalue son propre passé, sa trajectoire de vie, les motivations qui ont gouverné les décisions prises.
Deux éléments doivent caractériser tout jugement (ou devraient le faire) : sa fiabilité et le processus rationnel qui le sous-tend. Il doit être motivé, étayé, gérer le doute et devrait, dans une situation donnée, être prévisible et reproductible. Plusieurs erreurs perturbent ce processus : les biais mais aussi le bruit, erreur de raisonnement qui n'est pas partagée par tous les intervenants.
Plusieurs écueils se présentent quand on juge : le doute, puisque tout jugement est émis sur fond d'incertitude, les croyances non conscientes de l'expert et les failles de son ego. Même quand on se juge soi-même, on observe un étonnant phénomène lié à la mémoire : la négligence de la durée.

1. LE DOUTE

Le doute est un état d'incertitude qui empêche une décision. Il peut être lié à un manque de connaissance ou à une hésitation sur la conduite à tenir. Cette notion est souvent assimilée à la philosophie sceptique, qui rejette par principe toute certitude et tout dogmatisme.
Pour Pyrrhon d'Élis, philosophe sceptique du quatrième siècle avant notre ère, un jugement est un discours sur ce qui apparaît mais il ne dit pas le vrai. Arbitrer dogmatiquement, c'est poser une vérité extérieure qui attend que le jugement d'un expert la découvre. Un scepticisme total, comme celui qu'il prône, risque parfois d'être incohérent : affirmer qu'on doute toujours constitue une certitude, en contradiction avec ce qu'on affirme. Montaigne le soulignait : « Quand ils (les philosophes Pyrrhoniens) disent « Je doute », on les tient incontinent à la gorge pour leur faire avouer qu'au moins ils assurent et savent-ils cela, qu'ils doutent. »[33]

---

[33] Michel Eyquem de Montaigne, *Essais, Apologie de Raymond Sebond*, Arthaud, 2018.

Rares sont ceux qui ont suivi Pyrrhon, préférant le doute statistique de Sextus Empiricus ou celui, méthodique, de Descartes, qui se sert de l'incertitude pour tendre vers la plus grande conviction possible.
C'est le doute moderne : tout énoncé implique une perspective, d'où des représentations incompatibles, partiellement vraies, qui interdisent cette fiction qu'on appelle la vérité. Cette attitude n'est pas synonyme de nihilisme : toutes les perspectives ne sont pas équivalentes. Même si rien n'est juste, tout n'est pas faux de la même manière.

L'esprit ne supporte pas le doute et préfère des énoncés erronés à des exposés incertains. Pourtant, l'incertitude est la seule certitude. Le cerveau aime le connu : quand une décision lui échappe, le doute s'installe car trop d'inconnues doivent être gérées : « Et si tel cas de figure se présente ? » « Et si la guerre persiste ? », « Et si la pandémie revenait ? »
Il convient de ne pas confondre la possibilité et la nécessité : ce n'est pas parce qu'une chose est théoriquement possible qu'elle est nécessaire. C'est un autre travers : certains affirment que des faits scientifiques aujourd'hui ignorés expliqueront demain des mystères qui semblent insolubles : communication d'un gourou avec des morts, évaluation des événements futurs. La communication spirite est, en théorie, possible, ce qui ne la rend pas vraie pour autant (en l'absence d'autres éléments de preuve).

Le biais de certitude

Le biais de certitude témoigne de ce rejet d'un doute, générateur de stress, qui pousse à rechercher, coûte que coûte, des certitudes qui n'existent pas toujours. Les émotions jouent un rôle majeur.
Pour obtenir une certitude, dans une situation où ils sont *quasi* certains de gagner, beaucoup sont enclins à accepter des concessions pour conclure *définitivement*, en évitant tout risque. Curieusement, face à une *perte* quasi certaine, les mêmes privilégient le risque, appliquant l'adage du « perdu pour perdu, autant tenter le coup ». C'est une application de l'aversion à la perte.
Des études ont montré un important écart entre la *probabilité* d'un événement et son *poids décisionnel*. Cet écart s'explique par

deux effets. Quand les probabilités sont élevées, *l'effet de certitude* joue : passer d'une quasi-certitude (95%) à une certitude (100 %) exerce une attraction forte sur l'esprit. Par contre, quand les probabilités sont faibles, *l'effet de possibilité* intervient, qui pousse à accorder un poids disproportionné à de faibles chances. Surévaluer les faibles probabilités est à la base de nombreuses assurances comme des jeux de chance.

On peut envisager quatre cas de figure.
Une probabilité de gain élevée (95% par exemple) entraîne la recherche d'une certitude. Par aversion au risque, on accepte une offre moins avantageuse mais qui a l'avantage d'être garantie. Aux Etats-Unis, des assurances proposent aux justiciables de couvrir cette faible probabilité de perte et empochent des bénéfices confortables. Le regret lié à une perte potentielle (une émotion) est compensé par la tranquillité d'esprit d'un gain assuré. Pour éviter de perdre, dans seulement 5% des cas, on est prêt à réduire le montant du gain de 20%.
Une probabilité de perte faible (5%) laisse une part de risque que l'esprit surévalue. C'est encore un principe des assurances : elles vendent une tranquillité d'esprit et proposent des rachats de franchise (portant sur des dégâts liés au véhicule), souvent acceptés, alors qu'ils sont inutiles pour les bons conducteurs.
On rétorquera : le risque est faible mais la sécurité n'a pas de prix. Ici encore, les émotions et une évaluation incorrecte des probabilités s'avèrent plutôt de mauvais conseillers. Dans ces deux cas toutefois, l'approche reste légitime : par prudence, on tolère de perdre (un peu) pour être tranquille.

Abordons les deux autres éventualités.
Une probabilité de gain minime (5%) entraînera une prise de risque car l'esprit surpondère les faibles probabilités. Tous les joueurs (Loterie, casino…) tentent le coup malgré une chance infime. Certes, il y a peu de gagnants dans ces jeux de hasard mais on ne sait jamais…
Une probabilité de perte élevée (95%) laisse planer le faible espoir de renverser la situation, ce qui déclenche aussi une prise de risque. On refuse une transaction amiable qui pourrait être

avantageuse car on surestime émotionnellement la chance de ne rien perdre.
Dans ces deux derniers cas, confrontés à des choix désavantageux (payer pour ne, probablement, rien gagner, payer pour éviter une perte quasi assurée), la prise de risque l'emporte, alors que, notamment dans le dernier cas, cela aggrave quasi toujours la situation.
L'aversion à la perte est si puissante qu'elle s'incline devant l'espoir, même faible. Une défaite quasi inéluctable n'est jamais facilement acceptée. Cela vaut à titre personnel (endettement…) ou au niveau d'entreprises qui, alors qu'elles sont dépassées par des technologies performantes, jettent leurs forces dans une bataille désespérée, au risque de transformer un échec encore surmontable en catastrophe ruineuse.

Prudents face à un gain quasi assuré (les deux premières options), les gens sont téméraires en situation de perte. Ceux qui fuient le risque lors de gains quasi certains le cherchent par contre dans le cas de pertes quasi assurées. Ce paradoxe s'explique par le regret, une émotion privilégiée par la mémoire qui anticipe le risque de perte et lui accorde trop de valeur.

Le biais des coûts irrécupérables

Par souci de *cohérence*, le cerveau répugne à revoir un jugement déjà énoncé. Il préfère, de manière irrationnelle, garder une représentation fausse plutôt que de la modifier. En refusant de remettre en question une erreur passée, il s'obstine malgré des avertissements extérieurs. Se libérer d'une décision erronée, c'est admettre une erreur de jugement qui **nuit à l'ego**.

Le biais des coûts irrécupérables est lié à l'aversion à la perte et à la recherche de certitude : personne n'accepte de s'être trompé et cherchera coûte que coûte à récupérer son investissement (en temps ou en argent).
On a démontré que des personnes qui prennent un abonnement plus coûteux (au théâtre, lors de manifestations sportives) se sentent obligées d'y assister et répugnent à y renoncer, même pour de bonnes raisons (voyage inattendu ou fête inopinée). De même, il n'est pas rare que des étudiants poursuivent des études

ne correspondant plus à leurs attentes, refusant la perte de temps et d'argent qui en résulterait.

<u>*Exemples :*</u>

Cinéma
Le film au cinéma ne plait pas mais on reste car on a payé le billet. Celui-ci constitue un coût irrécupérable. Pourquoi aggraver la situation en perdant, en outre, son temps ?

Viêtnam
Beaucoup d'Américains estimaient qu'il fallait poursuivre la guerre sinon les soldats déjà tués seraient morts pour rien. Cette attitude avait comme conséquence pratique d'entraîner dans la mort de nouveaux jeunes soldats et aggravait évidemment la problématique.

Concorde
Les gouvernements français et anglais ont longtemps poursuivi le projet, malgré l'échec commercial résultant de la crise pétrolière. Le projet était trop cher pour qu'on l'arrête mais, plus on tardait, plus on creusait le gouffre financier.

Par définition, les coûts irrécupérables ne peuvent pas être supprimés ni regagnés. Ils ont été réalisés en espérant profit (dans le cadre de projets) ou plaisir (pour des coûts de la vie privée). Y renoncer, pour difficile que ce soit, est rationnel : le jugement actuel ne devrait pas intégrer les dépenses passées, irrévocablement perdues. Au contraire, cherchant à les résorber, on entre dans une escalade d'engagement potentiellement dangereuse.

En bref,

*Le biais de certitude génère des situations dangereuses qui conduisent à des **pertes quasi assurées**. En situation complexe, accepter un doute méthodique avant de s'engager est impérieux.*

En parallèle, on envisagera des scénarios alternatifs dont une position de repli. Il faut développer une tolérance émotionnelle devant l'incertitude car il est impossible de tout maîtriser. On conseille donc d'être rigoureux avant de décider puis, une fois la décision prise, de se montrer désinvolte sur ce qui ne dépend plus de soi.
Pour s'opposer au biais des coûts irrécupérables, il faut être courageux et, après avoir réfléchi aux raisons qui empêchent le changement stratégique, accepter de revenir sur une mauvaise décision passée malgré le risque de critiques ou de ***problèmes d'ego****. Reporter la décision nuira souvent plus à l'estime de soi.*

Du point de vue neurologique, ces biais doivent être contrés par le ***système exécutif*** *qui acceptera d'analyser et, le cas échéant, de trancher, malgré l'avis divergent des noyaux du système automatique. Être courageux, c'est aussi accepter de s'opposer aux réflexes proposés par le noyau amygdalien.*

2. LES BIAIS DE CROYANCE

Un jugement doit se baser sur des argumentations logiques ou des études validées. Dans le cas contraire, on est dans le *biais de croyance*. On se fie à soi sans se demander à quoi tient notre raisonnement.
Le système intuitif se contente de l'évidence, d'où une tendance à croire, alors que le système réfléchi, sensible aux preuves, veut savoir. Le premier privilégie un moi mnésique tyrannique et immuable, qui se forge des souvenirs. Il aime la pensée magique, la recherche d'intentions cachées, de sens à découvrir. Il amalgame, confond le réel et le symbole, la chose et le mot. Des dysfonctionnements du lobe temporal expliquent certaines expériences mystiques et accroissent le niveau de croyance, avec leur cortège d'hallucinations, de sensations de présence, de déjà-vu, de transcendance, etc. Il adopte une posture intentionnelle qui permet des raccourcis cognitifs rassurants.
L'anthropomorphisme (qui contribue à attribuer des états mentaux humains) est lié à la zone pariétale droite, plus

développée chez les personnes empathiques et chez les croyants, mais davantage soumise aux émotions.
D'où l'intérêt d'une approche analytique qui propose un mode de pensée qui découvre une forme de jouissance dans la connaissance, dans les arguments et les preuves étayées.

Dans le domaine thérapeutique, par exemple, des gens sans savoir peuvent *croire* en l'efficacité de l'homéopathie, loin d'être prouvée mais théorie séduisante, proche de la magie. Simultanément, ces crédules clameront l'inutilité de vaccins indiscutablement efficaces sur base d'arguments faibles, faillibles (« un voisin leur a dit que… ») ou influencés par des sites qui y trouvent leur profit.
En politique, beaucoup sont, traditionnellement, de gauche ou de droite, donnant leur voix pour le parti correspondant comme ils l'ont toujours fait ou comme leurs proches le font. Pourtant, la situation évolue, les programmes des partis aussi. Des arguments valides autrefois, ou objets d'une réflexion basée sur des lectures sérieuses, peuvent s'avérer moins consistants. On pouvait être communiste en 45, en ignorant tout du goulag ou des désastres économiques. Il est difficile de l'être aujourd'hui, ce qui n'est pas un problème si on admet un hiatus entre une conclusion qu'on *croit* juste et une logique devenue obsolète.

Développons ce point par la *croyance en un monde juste* que résume une phrase : on obtient ce qu'on mérite et on mérite ce qu'on obtient. Une action bonne sera récompensée, une action néfaste sera punie. Cette croyance résulte de présupposés métaphysiques répandus et façonne une vision du monde qui fournit une motivation pour agir « bien ».
Une explication simpliste renforce la cohésion de groupe : les événements positifs arrivent à des gens qui le méritent, et des accidents touchent des imprudents. Mais cette interprétation s'inscrit surtout dans des stéréotypes du bien (ou du mal) sans se préoccuper de leur véracité : l'argument peut s'avérer à double tranchant, en stigmatisant une victime d'un lapidaire « elle l'a bien cherché » qui sert par exemple à justifier l'agression d'une femme portant une mini-jupe.

Des idéologies obscurantistes finissent par faire accepter une souffrance inutile. Cela s'est vu lors des attentats de Charly Hebdo, quand certains ont estimé, sans sourciller, que les dessinateurs n'avaient eu que ce qu'ils méritaient. La croyance avait donc le droit de tuer la raison. Ce travers persiste car il a une fonction d'utilité : dans un monde où chacun constate que l'injustice règne, il faut trouver des réponses faciles, inscrites dans des canevas de pensée qui ne sont plus interrogés. D'où l'erreur de pensée qui juge superficiellement, se méprenant sur une situation (ou sur une personne) sans disposer des renseignements adéquats, plutôt que de privilégier des réponses rationnelles (corriger les injustices).

En bref :

Les biais de croyance, peu réfléchis, inscrivent les jugements dans des ***canevas réflexifs*** *qui empêchent leur résolution. Pour y pallier, remonter à leurs sources est la seule solution, longue et difficile, car ses racines sont diffusées dès l'enfance.*
Basés sur une information insuffisante et d'autres biais (préjugés, stéréotypes), ces jugements relèvent aussi d'une paresse intellectuelle qui évite les remises en question et qui rassurent.

<u>*Du point de vue neurologique*</u>*, le jugement exige une rigueur intellectuelle et un esprit critique. La vigilance impose une voie intermédiaire entre scepticisme et crédulité, entre doute systématique et confiance aveugle. L'intelligence, qualité mentale, en partie innée, mais essentiellement acquise fait intervenir différentes aires corticales et sous-corticales, dûment préparées par un long travail éducatif et professionnel.*

3. LE BIAIS DE VALIDATION SUBJECTIVE

Le biais de validation subjective (parfois appelé *effet Barnum*) est une autre erreur de jugement. Elle incite à prendre pour soi

des descriptions générales et vagues concernant la personnalité. Son nom provient de l'américain Phineas Taylor Barnum, propriétaire d'un cirque qui exploitait le voyeurisme des gens (en exhibant des monstres humains, notamment). Il était célèbre pour ses descriptions psychologiques de personnes inconnues mais qui validaient ses dires.
Ce travers est utilisé dans de nombreuses manipulations (horoscopes, cartomancie, graphologie, voyance et, globalement, toutes les pseudo-thérapies et les pseudo-sciences). D'innombrables magazines grand public s'en servent pour de pseudo-tests de personnalité, variantes de numérologie. On peut se demander pourquoi multiplier les chiffres de sa date de naissance par son chiffre favori fournirait le moindre renseignement sur son caractère ou son avenir ! Mais l'habileté consiste à faire croire que le test est personnalisé (date de naissance, préférences), donc individualisé.
Si les informations concernant l'ego captent autant l'attention, c'est lié à une partie du cortex, le sillon temporal supérieur gauche, qui y est réactif : il suffit qu'on prononce notre prénom pour que notre attention soit alertée. C'est *l'effet cocktail* : le processus nous interpelle, y compris dans le brouhaha d'une réunion. Le cortex cingulaire relaie l'information, qui devient consciente, reléguant les autres conversations à du bruit. D'autres thématiques (sexualité, conflits) s'avèrent également attractives pour le cortex temporal.

Au siècle dernier, le psychologue Forer a réalisé une expérience édifiante : il a annoncé à ses étudiants avoir conçu un test de personnalité, auquel il leur a demandé de répondre, pour le valider. Plus tard, il a remis à chacun un résumé qui, selon les résultats obtenus, reflétait leur personnalité. Il leur a demandé d'en entériner l'exactitude selon leur ressenti.
Sa synthèse disait approximativement ceci : « Vous avez besoin d'être aimé et admiré. Vous êtes critique avec vous-même. Vous compensez les points faibles de votre personnalité, Votre potentiel, considérable, est insuffisamment utilisé à votre avantage. Vous appréciez une dose de variété et vous êtes insatisfait si on vous bride. Vous êtes un esprit indépendant et n'acceptez l'opinion d'autrui que

dûment démontrée. Vous pouvez être extraverti, bavard et sociable mais aussi, à d'autres moments, circonspect et réservé. »
La majorité des étudiants a validé le texte avant que Forer n'explique qu'il n'avait lu aucune réponse et qu'il leur avait remis, à tous, les mêmes conclusions. On constate que sa synthèse comprend des louanges et des interprétations élogieuses valorisent l'estime de soi (complaisance). Il insiste sur une personnalité singulière avec de rares traits moins favorables (sans constituer de réels défauts) pour rester plausible.
Une personne fragile, ou avide de reconnaissance, y est toujours sensible. Cette composante autocentrée se double d'une irrésistible tendance à se comparer aux autres et à s'évaluer en fonction d'eux. Or, les réseaux sociaux proposent plutôt une exhibition des meilleurs moments vécus par les autres, ce qui risque d'entraîner un sentiment de dépréciation personnelle. Plus on passe de temps sur ces sites, plus on ressent de frustration ou de colère. C'est cette comparaison sociale ininterrompue qui explique l'insatisfaction croissante de beaucoup car, défavorable, elle blesse et, en cas de validation (des « like »), le plaisir ressenti à court terme se paie d'une addiction et d'une recherche accrue de les susciter.

Autre influence d'une description sur le comportement individuel, *l'effet Pygmalion* est un exemple de prophétie auto-réalisée. Selon la légende, le sculpteur Pygmalion avait réalisé une statue féminine si belle qu'il en devint amoureux, délaissant toute autre femme. Quand Aphrodite donna vie à sa sculpture, il l'épousa. Cet effet est convoqué pour expliquer le destin de grands hommes, tôt valorisés par leurs proches (« tu seras président, mon fils »). Mais il a été vérifié en milieu scolaire quand de présumées qualités d'un enfant, énoncées à un instituteur, modifient les attentes de celui-ci, de telle sorte que l'enfant deviendra meilleur.
L'effet Pygmalion s'observe souvent dans des contextes d'autorité : famille, école, travail, voire en couple. Il peut constituer un cercle vertueux quand il renforce la confiance en soi, laquelle modifie le comportement de l'individu puis, secondairement, les appréciations favorables à son sujet.

A contrario, des commentaires négatifs précoces (« c'est un mauvais élève » ou « c'est un ouvrier paresseux ») peuvent déclencher un cercle vicieux qui risque de se vérifier par des performances plus faibles.
Dans les deux cas, les comportements s'adaptent aux attentes.

L'ego surestime les émotions qui accompagneront un événement futur : obtenir un diplôme, être remarqué par une personne qu'on admire en secret, devenir champion ou bénéficier de la désirabilité sociale (être un président, un sportif de haut niveau, un artiste reconnu). C'est *l'effet d'impact* qui confond l'image véhiculée par certaines fonctions et la réalité de leur vécu.
Chacun imagine que ces conditions favorables autorisent la réalisation de tous les fantasmes, qu'il s'agisse de gagner de l'argent ou d'être aimé de tous. Mais, être président n'empêche pas la maladie, être médecin de souffrir d'un deuil ou, comme sportif, de n'être pas être aimé de la personne désirée.
Cet effet peut motiver (je veux devenir riche pour devenir heureux) à condition de ne pas adopter de stratégies dangereuses (pour être riche, je vais jouer au casino).

<u>*Exemple :*</u>

Gagner au loto
Chacun pense que gagner le gros lot rendra la suite de la vie merveilleuse à tous points de vue. C'est totalement erroné et amplement confirmé par les gagnants eux-mêmes. Certes, la vie change mais l'argent n'empêche pas les déceptions sentimentales, les maladies, les chagrins, les décès. En outre, chacun s'habitue très vite au changement induit qui cesse d'avoir un côté extraordinaire.

L'ego recherche la distinction et rechigne à la banalité ou à une prise en compte qu'il estime insuffisante. Cette tendance est exploitée par *l'effet de compromis* qui attire un acheteur par un moyen terme entre deux options.

Exemple :

Un vin au restaurant
Dans un restaurant, un nectar cher et un breuvage bon marché seront négligés en présence d'un troisième, qui est un leurre situé à un prix intermédiaire. C'est ce tiers que le commerçant cherche à favoriser. Il en va de même pour les menus, etc.

A l'inverse, on peut proposer une option plus chère, qui se veut *distinctive,* mettant en exergue les moyens de qui la choisit : cela peut être le choix d'un modèle « premium », d'une carte « gold », d'un accueil « VIP » ou d'avoir une plaque minéralogique personnalisée. Ces détails se paient chers mais donnent une aura à l'acheteur. Du moins le croit-il, ce en quoi il se trompe : l'effet attendu de distinction témoigne de ses préoccupations quant à son statut. Ce qui témoigne d'un ego défaillant qui s'attache à des futilités.
Faire comme si on est *plus que* passe souvent inaperçu, passé le premier et bref effet, voire d'être pris pour de la cuistrerie ou de la bêtise. Celui qui a besoin de tels attributs a sans doute une bien faible estime de lui.

En bref,

Se connaître soi*, tel qu'on est, avec ses compétences et ses défauts est plus important que la validation d'autrui et évite ces biais. Une* **juste estime** *de soi rend moins sensible à des commentaires élogieux ou d'être blessé par des propos déplacés. S'interroger sur les propos d'autrui permet de se poser la question des motivations sous-jacentes (la jalousie est, souvent, un puissant élément).*
Valoriser les autres à leur mesure, agir en leur montrant la confiance qu'on place dans leur potentiel est important, surtout si on dispose d'une autorité sur eux.

4. LES BIAIS DE MÉMOIRE

On peut être amené à se juger sur un parcours de vie, via une narration préalable non exempte de biais (*chapitre 3*). Prendre du recul implique toutefois la mémoire : il y a le soi qui a réellement expérimenté un événement et celui qui s'en souvient. Que vécu et souvenir constituent une même réalité, semble un facteur objectif. C'est faux. Le *moi expérimentant* répond à : « Est-ce que j'ai mal maintenant ? » alors que le *moi mémoriel* s'intéresse à : « Quel souvenir ai-je conservé de cette douleur ? » De ce fait, certaines distorsions peuvent apparaître, dont témoignent la négligence de la durée et la perception du malheur comme du bonheur.

La négligence de la durée

En 1990, des tests relatifs à la douleur ont été réalisés lors de colonoscopies, examens déplaisants effectués, à l'époque, sans anesthésie. Pendant cette investigation, la personne décrivait son niveau de souffrance sur une échelle visuelle analogique (de 0, absence de douleur, à 10, douleur maximale imaginable). On conçoit que la durée d'une coloscopie puisse varier, de même que le niveau de douleur.

Deux semaines plus tard, les patients étaient interrogés sur le souvenir de l'examen. On a constaté, dans les réponses, deux faits curieux :

- La négligence de la durée de la colonoscopies ; plus que la longueur, c'était le pic de douleur maximal qui l'emportait dans la réminiscence ;
- Plus étonnant, le laps de temps entre ce pic maximal et la fin de l'examen intervenait : un arrêt rapide de l'examen après le pic générait plus de mauvais souvenirs qu'une fin progressive.

Des tests similaires, en situation expérimentale, ont confirmé ces constats : on invitait des sujets à placer leur main dans une eau froide provoquant une sensation douloureuse. Lors d'un premier essai, la main restait 60 secondes dans l'eau ; dans un second, l'autre main était plongée 90 secondes mais de l'eau tiède était introduite, à l'insu du sujet, les quinze dernières secondes, rendant la fin du test moins désagréable. Cette option fut préférée.

Ces données surprenantes sont pourtant empiriquement connues : chacun a déjà vécu un moment agréable (concert, pièce de théâtre…) suivi, sans relation aucune, par un fait pénible : en rentrant du concert, on a un accrochage ou on apprend la maladie d'un proche. Par la suite, le moi mnésique retiendra ce point qui dévalue le premier. Le poids excessif accordé à la fin favorise le rejet du tout et déprécie le souvenir. D'où cette apparente incohérence : chacun souhaite des douleurs brèves et des plaisirs longs, mais la mémoire retient le moment le plus intense et la fin de l'expérience. On accorde un même poids à la bonne et à la mauvaise partie d'une expérience, quelle que soit leur durée. Confondre l'expérience vécue avec le rappel qu'on en garde est une illusion forte : le souvenir l'emporte sur le vécu. C'est la *tyrannie du moi mnésique.* Elle dépend du système automatique S1 qui retient des moyennes et stocke des histoires susceptibles de lui servir dans le futur.

La perception du malheur et celle du bonheur

Tout récit (même celui du chaperon rouge) peut se résumer à quelques faits significatifs, dont sa fin. La longueur du récit intervient peu. Cela se vérifie dans les biographies, avec les mêmes distorsions. La *satisfaction globale* à l'égard de l'existence est influencée par des faits saillants, faciles à mémoriser. Mais l'habituation la réduira.

Des études ont révélé que la satisfaction de base qu'on donne à sa vie (certains répondent 8/10, 7/10, 5/10) a une composante génétique. Un événement heureux, ou malheureux, entraîne des fluctuations de la ligne autour de cette moyenne, avant qu'elle retourne à son niveau antérieur.

Un événement positif ne rend heureux qu'à court terme. Beaucoup sont heureux le jour de leur mariage, qui constitue un pic dans leur existence.

Mais, leur satisfaction durera peu et ils retrouveront leur ligne de base en peu de temps. De même, un fait négatif (par exemple un veuvage) est considéré comme une catastrophe existentielle mais son impact sur l'appréciation moyenne de la qualité de vie durera peu. Ce que des tests curieux confirment.

<u>*Exemples :*</u>

Des sujets doivent estimer la qualité de vie de divers récits qui leur sont proposés :

Une vie heureuse
Mme X a eu une vie heureuse (elle est belle, intelligente, a réussi tout ce qu'elle entreprenait, mariage heureux, etc.). Elle est morte à 75 ans. Mme Z a eu une vie heureuse (elle est belle, intelligente, etc.). Elle est morte à 35 ans.
Les réponses sur la qualité de vie oscilleront autour de 9,5/10 pour les deux histoires : la perception du bonheur global est indépendante de la durée.

Une vie presque heureuse
A chacun des deux récits précédents, on ajoute une période terminale plus difficile :
Madame X, de 75 ans à 80 ans, date de sa mort, a connu des douleurs arthrosiques, la mort de personnes proches. Idem pour Madame Z qui, de 35 ans à 40 ans, date de sa mort a subi une période difficile (douleurs, décès…)
Le fait d'ajouter une fin de vie plus difficile (qui ne modifie en rien les premières années !) provoque un effondrement du score concernant la qualité de vie qui sera, dans ce cas, estimé à 6 ou 7/10 : ce qui prouve l'importance de la fin de l'histoire et semble donner raison à Sophocle[34] qui affirmait : « Gardons-nous d'appeler jamais un homme heureux avant qu'il n'ait franchi le terme de sa vie sans avoir subi un chagrin. »

Des récits inversés ont démontré les mêmes tendances :
Une vie malheureuse

[34] Sophocle, *Œdipe-Roi*, Le livre de poche, 1994.

Mesdames W et Y ont eu une vie très malheureuse (naissance difficile, intelligence moyenne, père violent, petits métiers, mari alcoolique…). L'une meurt à 75 ans, l'autre à 35.
Dans les deux cas, la qualité de vie oscille autour de 1 ou 2/10 et la durée de vie importe peu. Pourtant, souffrir 35 ou 75 ans semble constituer une différence sensible.

Une vie presque malheureuse
L'adjonction d'une période de 5 ans d'un bonheur relatif (les deux femmes rencontrent un homme bien, connaissent de petits bonheurs, l'une entre 70 et 75 ans, l'autre entre 30 et 35 ans, dates respectives de leur décès).
Pour les personnes interrogées, la qualité de vie bondit à 5/10, ce qui souligne l'importance de la fin de l'histoire.

Le temps est, dans ces exemples, comme une ressource finie que la mémoire ignore. Beaucoup disent préférer des périodes inconfortables qui évoluent vers un mieux et renoncent à des périodes de bonheur qui pourraient mal se terminer !
On y retrouve la notion de *regret* anticipé qui dépend du *moi mnésique*. Or, la vie ne doit-elle pas être vécue avant d'être retenue ? Mais le *moi expérimentant* est relégué au second plan par la mémoire.
Plusieurs études ont voulu préciser les éléments statistiquement associés à une vie heureuse, ou malheureuse, quand elle est prise dans sa globalité.
Sans surprise, le *malheur* est souvent associé à une douleur chronique ou un état dépressif sévère, endogène, souvent familial. C'est pourquoi ces états doivent être confiés à des spécialistes pour éviter, si possible, leur passage à la chronicité.
Un troisième élément, plus inattendu, a été relevé : une exposition chronique à des environnements bruyants. Le bruit est donc mauvais pour le bonheur, paramètre qui devrait être davantage pris en charge car il est souvent possible d'agir sur lui.

La *perception globale du bonheur*, quant à elle, ne dépendrait que d'un point mais fondamental : la nature des *objectifs* qu'on

se fixe quand on est jeune. Réalistes (une juste ambition) et plus tard réalisés, ils constituent, peut-être, *la* clé du bonheur.
Par contre, des objectifs difficiles à atteindre ou avec un risque élevé d'échec laisseront un goût amer : celui de quelque chose auquel on pensait avoir droit et qu'on n'obtient pas. Des objectifs trop ambitieux, non concrétisés, sont associés à une moindre qualité de vie. Tout parent devrait le méditer : il faut encourager son enfant au maximum de ses capacités, sans faire peser sur lui des attentes irréalistes.

En bref,

Dans les jugements, il faut prêter attention aux croyances non interpellées qui écartent le doute, comme à la ***dictature du moi mnésique****.*
Comme les biais de jugement trompent sur les autres et sur soi, une méthodologie est nécessaire :
- Que jugeons-nous ? Une personne, un fait, un comportement ?
- Pourquoi juger ? Pour punir, pour prédire, pour modifier un état de fait ?
- Sur quelles bases jugeons-nous ? Impressions ou tests validés ?
- Privilégions-nous le moi mnésique ou l'expérience vécue ?

Du point de vue neurologique*, l'hippocampe intervient dans la mémoire à court terme mais les mémoires à long terme impliquent, on l'a vu, des régions cérébrales disséminées et font intervenir, par leur composante émotionnelle, le cortex limbique.*

Comme pour leurs raisonnements (effet Dunning-Kruger), nombreux sont ceux qui portent un jugement d'autant plus péremptoire qu'ils sont peu compétents, victimes des préjugés de leur groupe ou d'un pseudo bon sens.
Or, le jugement est une opération complexe qui implique retenue et contrôle de soi, avec la capacité, apprise, d'inhiber les premières intuitions. Le calme sied à la réflexion.

5. LES BRUITS DU JUGEMENT

La *variabilité* est un processus biologique présent dans tous les domaines. C'est un phénomène inévitable dans les mesures, qu'il s'agisse du poids des personnes constitutives d'un groupe, de leur taille, de leur fortune, etc. D'où la notion de moyenne et d'écart-type (dispersion des valeurs autour de la moyenne).
La *moyenne* est une mesure qui tient compte de la *valeur* des nombres, à distinguer de la *médiane* qui retient l'*ordre* dans lequel ces nombres apparaissent.
Un exemple simple précisera cette différence. Prenons 5 enfants d'une classe qui pèsent respectivement 26, 28, 30, 32, 34 kilos. La moyenne sera de 30 kilos. Dans cet exemple, la médiane sera aussi 30 kilos (c'est le troisième chiffre qui apparaît dans le classement. Supposons que, dans ce groupe, l'enfant le plus lourd pèse 54 kilos. La moyenne (total des cinq poids) s'en trouve augmentée et passe à 34 kilos. Par contre, la médiane reste à 30 kilos (3ème poids sur 5).
Dans les jugements, la variabilité constitue un bruit nuisible[35].
Elle dépend de l'attention sélective (à quoi prêtons-nous attention lors d'un jugement ?) et de la mémoire (ce qu'on a emmagasiné dans le passé, ce qu'on retient pour la situation présente). Il existe différents bruits :
- Celui de *niveau* (variabilité du niveau moyen des jugements) ;
- Celui de *modèle* (souvent appelé *pattern* par les anglo-saxons (c'est la variabilité du jugement dans un cas particulier : il trahit l'interaction entre le juge et l'affaire).

Prenons un exemple dans le système judiciaire américain. Certains juges sont *systématiquement* plus sévères, d'autres plus indulgents : c'est ce qu'on appelle le *bruit de niveau.*
Il implique que tous les juges ne sont pas d'accord, entre eux, pour valider une hiérarchie des peines. Selon le juge, un même délit entraîne des condamnations différentes (variabilité).
Toutefois, même un juge habituellement sévère peut s'avérer clément dans certaines circonstances (comme l'absence

---

[35] Daniel Kahneman, Olivier Sibony, Cass R. Sunstein, *Noise, Pourquoi nous faisons des erreurs de jugements et comment les éviter*, Odile Jacob, 2021

d'antécédents du prévenu, son sexe ou son âge). C'est le *bruit de modèle ou de pattern*, erreur concrète, occasionnelle ou, au contraire, stable. Dans ce dernier cas, la peine dépend du juge bien plus que de la nature du délit soumis.

Le *bruit occasionnel* découle de l'état physiologique et psychologique du juge quand il rend son verdict. Son humeur (qu'elle soit liée à une digestion difficile ou à des problèmes personnels), la fatigue et le stress, interviennent au même titre que des facteurs extérieurs. Des facteurs sans rapport avec le problème influent sur la sévérité de la peine.

Le *bruit stable* relève quant à lui de préférences, de croyances, de souvenirs, avec ce que cela implique d'associations. Chacun a ses habitudes de pensée, dont il s'extrait péniblement, avec des leçons tirées d'expériences précédentes. Ce bruit relève de la personnalité du juge, donc de traits comme l'ouverture d'esprit, le caractère consciencieux, extraverti ou introverti, l'amabilité, la stabilité émotionnelle.

Tous ces traits se conjuguent de manière *imprévisible*, contribuant à rendre le jugement peu prédictible. C'est une conséquence inévitable de l'unicité de chaque individu (du prévenu comme du juge). Cette variabilité qui s'applique, non en moyenne mais pour des cas particuliers, est la source majeure de bruit. Elle est difficile à éliminer car, confrontés à des problèmes similaires qui leur sont représentés à distance, les juges restent souvent fidèles à leurs jugements antérieurs et les reproduisent. Il existe une forme de *constance implicite* dans l'inconstance du jugement qui perd, dès lors, beaucoup de la cohérence attendue et de son impartialité.

Comment minimiser ces bruits ? Plusieurs pistes ont été proposées.

<u>Partager le jugement au sein d'un groupe</u>

On pourrait imaginer que des jugements partagés réduisent le bruit, la sévérité d'un juge étant compensée par la magnanimité

d'un autre, le résultat évoluant vers une juste moyenne. Ce raisonnement postule que les caractéristiques du jugement ont un effet cumulatif, ce qui est inexact.
Prenons les performances d'un groupe de 10 personnes : ensemble, elles soulèveront une charge plus lourde que si elles sont isolées, mais elles ne courront pas plus rapidement.
La dynamique du groupe, difficile dans sa mise en œuvre, est tributaire, notamment, de celui qui parle en premier lieu, de la présence d'une forte personnalité qui en impose (on retombe dans les biais déjà vus). Les capacités de délibération sont sensibles aux informations connues du groupe mais n'intègrent pas mieux les taux de base. Concrètement, on a constaté une accentuation du bruit lié à un effet grégaire et, souvent, à une forme de facilité qui évite la remise en question (pseudo-consensus).

Il n'est pas rare que des avis contrastés initiaux accroissent une polarisation plus marquée des sanctions, les intervenants sans opinion préliminaire se ralliant à l'opinion dominante.
On retrouve les mêmes données pour les jugements prédictifs (portant sur le futur, comme en économie, et non sur le passé comme dans le domaine juridique) : tout groupe sous-estime sa propre incompétence en situation d'*ignorance objective*.

Des experts pensent qu'une intuition fondée sur l'expérience compense cette ignorance. C'est une illusion. L'*intuition* est un savoir qui ne sait pas pourquoi il sait. Elle est donc susceptible d'être biaisée par ce qu'elle ignore. La certitude intuitive des experts leur procure, sans doute, une aisance à répondre : est-ce savoir ou ignorance ? Quand une situation s'écarte de leurs connaissances effectives, elle génère chez eux de l'inconfort d'où leur recours à l'intuition pour cacher leur méconnaissance.

L'intuition semble plus *mystérieuse* que la raison mais elle se base sur des connaissances antérieures et sur des marqueurs somatiques qui témoignent d'un état corporel peu conscient mais qui fournit des émotions en miroir des décisions.
Le vocabulaire trahit cette fausse dichotomie entre pensée et corporéité (qui témoigne d'un dualisme vivace) : « j'écoute ce

que dit mon cœur », « j'ai jugé avec mes tripes » ou « je ne peux pas le sentir » sont autant d'expressions qui pointent le mécanisme de décisions qu'on croit instinctives. Les émotions ont averti l'organisme d'un danger ou d'une opportunité. L'inconscient est susceptible de prendre de meilleures décisions quand de nombreux paramètres sont en jeu, ce que Damasio avait déjà démontré[36].

L'intelligence artificielle

Certains préconisent des approches basées sur l'intelligence artificielle (IA). Des modèles informatiques simples, avec une alternance d'équations linéaires aléatoirement pondérées, font *systématiquement* mieux que des experts. Beaucoup d'entre eux (juges ou œnologues…) pensent améliorer leur jugement en appréhendant une complexité globale, supposée, grâce à leur intuition, dont on a vu les carences. Ils prétendent ajouter une séduisante subtilité aux faits bruts. C'est une idée invalide. Une réflexion inconstante est plus toxique qu'un raisonnement stable. Les algorithmes, insensibles aux émotions et aux bruits occasionnels, présentent des verdicts prévisibles, relevant d'une *constance irréfléchie*. Celle-ci adhère à quelques règles simples mais robustes et l'emporte sur la variabilité.
Au préalable, il faut s'accorder sur les variables pertinentes pour éviter d'y refléter les biais. Un économiste de Princeton, Orley Ashenfelter, cité par Kahneman[37], a déterminé la valeur future de grands vins bordelais en se fiant à seulement trois paramètres météorologiques (précipitations l'hiver précédent le millésime étudié, température moyenne de l'été, pluie lors des vendanges). Tous les œnologues se sont moqués de sa prétention mais sa formule, appliquée par un ordinateur, l'a souvent emporté sur leurs avis.

La simplicité d'un algorithme bien conçu le rend acceptable dans d'autres domaines, dont la justice. Certes, une formule peut se tromper mais jamais plus que l'humain qui l'a établie. Des

[36] Antonio Damasio, *L'erreur de Descartes*, op. cit.
[37] Daniel Kahneman, *Système 1 Système 2*, op. cit.

expériences avec les Chatbot ont souligné que ce sont leurs sources qui perturbent leurs avis et on peut y suppléer. Un verdict émis par une IA, loin d'être discriminatoire, s'avère souvent dépourvu de bruit, plus prévisible, donc plus rassurant. En outre, rien n'empêche de revoir les formules algorithmiques si des biais devaient apparaître. Toutefois, tant qu'on exige de l'informatique une perfection qui n'est pas demandée à l'humain, cette approche ne peut s'imposer.

Pourtant, dans le monde judiciaire aux arriérés colossaux, accepter qu'une IA gère un premier niveau décisionnel résorberait le retard, source d'inconfort et d'injustice, et minimiserait les coûts. Les avocats en tireraient un bénéfice puisqu'ils pourraient se concentrer sur de gros dossiers plutôt que de se noyer dans des affaires minimes (excès de vitesse, petite délinquance, etc.)

Dans le domaine médical, l'IA a déjà prouvé sa supériorité dans la détection de certaines pathologies. De plus, elle ne souffre ni de fatigue ni de lassitude. Ici aussi, les délais pourraient être raccourcis et les radiologues, par exemple, pourraient se focaliser sur des tâches plus spécifiques. Les réticences persistent pourtant : on admet (quoique difficilement) qu'un médecin se trompe (en n'identifiant pas une petite tumeur sur un scanner) mais on ne le tolère pas d'un ordinateur. Des procédures existent pour minimiser le risque, ne serait-ce qu'un regard humain au moindre doute.

En bref,

Les bruits de jugement se conjuguent aux biais et contribuent à l'imprévisibilité globale du système. Contrairement à ce qu'on continue de penser, le rôle de l'intelligence artificielle, dûment encadrée par des professionnels et pas abandonnée à quelques grands groupes informatiques aux intérêts divergents, pourrait aider à réduire le bruit. Mais les esprits n'y sont pas encore préparés et les experts, remis en question, y sont réticents.

Un dernier ensemble de biais intervient au quotidien pour perturber la rationalité alors que le cerveau y est mal préparé : ce sont les biais statistiques.

Chapitre 5
Les biais statistiques

Le cerveau humain n'a aucune compétence en statistiques : il méconnaît le rôle du hasard, surestime les faibles probabilités, accorde plus d'importance à ses *croyances* qu'aux informations chiffrées. Il estime qu'un événement espéré a plus de chance de se produire et, inversement, qu'un imprévu redouté est moins probable. Or, pour décider, il faut disposer d'informations appropriées. Souvent, celles-ci relèvent d'une approche statistique, laquelle implique des compétences avérées. Marc Twain n'écrivait-il pas, avec humour, qu'il existe trois sortes de mensonges ? Les mensonges, les sacrés mensonges et les statistiques.
Si, aux origines, les statistiques étaient une branche des mathématiques (on parlait de *mathématiques statistiques* pour désigner des méthodes de calcul appliquées aux grands nombres), elles se sont complexifiées tout en étant parfois réservées, aux yeux du public, aux sondages et prédictions diverses. D'où leur place actuelle entre mathématique et philosophie, entre science et conscience. Encore faut-il que cette méthode s'applique aux bonnes questions et qu'elle soit validée par les tests adéquats. Il sort du cadre de cet ouvrage et des compétences de l'auteur, de passer en revue les biais statistiques. Des livres et des sites apporteront aux personnes intéressées les informations utiles. Mais évoquer quelques notions suffira à inciter à la prudence, ne serait-ce que devant des présentations qui se réclament d'une *vérité* mathématique.

Commençons par la notion de *taux de base* (c'est la probabilité initiale qu'un événement se produise ou qu'un individu ait telle caractéristique). Par exemple, 90% des êtres humains sont droitiers. Ce chiffre constitue le taux de base : en prenant une personne au hasard, on a 9 chances sur 10 qu'elle soit droitière. Cette recherche est rarement effectuée. Par ailleurs, les caractéristiques de l'échantillon sont fondamentales : il faut que celui-ci représente le plus précisément possible la population.

Exemple :

Les roux
On annonce que c'est en Irlande qu'on trouve le plus de roux.
On demande ensuite à des sujets d'estimer leur fréquence.
Beaucoup répondront 25% environ, sans se renseigner sur le taux de base (c'est-à-dire, répétons-le, la fréquence des roux dans la population). Or, ce taux n'est que de 2% de la population humaine.
Donc, en Irlande, le fait de trouver 10% de roux est déjà significatif.

1. LA TAILLE D'ÉCHANTILLON

La loi des petits nombres pousse à croire qu'un faible échantillon reflète la population générale ou que des observations éparses peuvent être extrapolées à tout un groupe. Mais, en considérant une partie de la réalité, on généralise abusivement, au risque d'une vision éloignée de la réalité.

Le biais de représentativité

Le biais de représentativité résulte de cette tendance à fonder son jugement sur un nombre insuffisant d'éléments, qu'on croit représentatifs. Le système automatique, rapide, confond *probabilité* et *représentativité*. A partir de quelques items, il croit que sa présomption relative à un questionnement se vérifie. La mémoire recourt à une heuristique de similarité pour proposer une réponse qui n'a de valeur que par le stéréotype qui la sous-tend.

Exemples :

Agriculteur cultivé
On annonce : Mr Dupond est consciencieux et méticuleux ».
On demande : Est-il bibliothécaire ou agriculteur ?
Le stéréotype incite à répondre bibliothécaire.

Or, dans la population, il y a plus d'agriculteurs que de bibliothécaires. Le peu de données fournies ne permet pas de trancher. Il faut donc se tourner vers les taux de base. La réponse probable est agriculteur (même si cela ne correspond pas aux stéréotypes de consciencieux et méticuleux).

L'effet Linda

Cet effet a été initialement décrit par Kahneman et Tversky[38] : on fournit un bref descriptif d'une certaine Linda : « femme célibataire, brillante, franche, ayant terminé des études de philosophie ; elle a toujours été préoccupée par les questions de discrimination sociale et raciale. »

On propose à des volontaires des suggestions des destins possibles pour Linda. Est-elle, notamment, caissière ou « caissière dans une banque activement impliquée dans le mouvement féministe ».

Beaucoup répondent par cette deuxième option.

Outre l'erreur liée au biais de représentativité (non pris en compte), il s'agit d'une erreur de logique : une conjonction entre 2 éléments est moins probable que celle d'un seul : caissière englobe en effet « caissière dans une banque impliquée dans le mouvement féministe ».

Tremblement

Un patient tremble. Présente-t-il une maladie de Parkinson ?

Beaucoup répondent par l'affirmative alors que, dans une population générale, la maladie de Parkinson n'est présente que chez 0,05% des personnes et qu'une autre maladie, le tremblement essentiel, est retrouvée chez 1% des gens. La bonne réponse, sur le seul critère de tremblement, est qu'il n'a *PAS* une maladie de Parkinson, mais une autre affection.

On évalue difficilement la représentativité d'un échantillon du fait de l'*oubli de la fréquence de base.*

---

[38] Daniel Kahneman, *Système 1/Système 2, Les deux vitesses de la pensée*, op. cit.

Exemples :

Durée d'activité
Mr W est un PDG compétent ; il vient d'être sélectionné, après plusieurs examens et interviews, pour un poste dans l'entreprise Z. On demande la probabilité pour qu'il soit toujours en place dans deux ans.
Aucune réponse n'est possible sans connaître la durée des précédents PDG dans la même entreprise.

Réussite scolaire
Le jeune R est un élève doué, ce que les enseignants qui l'ont côtoyé (collège et lycée) confirment. Quelle est la probabilité pour qu'il réussisse en $1^{\text{ère}}$ année de la haute-école X ?
Ici aussi, il est impossible de répondre sans connaître, préalablement, le pourcentage d'élèves qui y réussit chaque année. Des écoles réputées regroupent des élèves brillants jusque-là ; le paramètre pris en compte (un élève doué) est insuffisant ; certaines hautes-écoles ont des taux d'échec très élevés, d'autres pas, ce qui ne permet aucune déduction.

Cette négligence de la représentativité explique la confusion entre hasard et improbabilité : un phénomène extraordinaire, peu probable, peut provenir du seul hasard.

Exemple :

Loterie
La loterie constitue le prototype le plus flagrant de cette négligence du taux de base : chaque joueur espère évidemment gagner l'euro million.
Imaginons une loterie hebdomadaire à laquelle joueraient tous les français adultes (disons 50 millions de joueurs) avec un seul gagnant systématique du gros lot. Vous espérez avoir cette chance infime.

Mais personne n'imagine qu'il a 15.000 fois plus de risques de mourir (les statistiques disent que 2.200 français, environ, meurent chaque jour).

La sphère médicale est riche d'interprétation erronée des données, comme le montrent les cas suivants.

<u>*Exemples :*</u>

Test de dépistage

Un laboratoire présente un test très fiable qui permet de détecter une maladie grave touchant une personne sur 1.000. Le test présente 5% de faux positifs (c'est-à-dire qu'il sera positif même si la personne n'est pas atteinte de l'affection ; mais il est sensible : quand il est négatif, la personne n'a jamais la pathologie).

Vous passez le test et vous êtes positif. Quel risque avez-vous d'être malade ?

La plupart des gens répondent : 95%. La bonne réponse est... 2% ! En effet, vu la fréquence de la maladie (1/1.000), pour 100.000 personnes testées, on trouvera 100 malades pour 99.900 seront indemnes. Mais, on sait qu'il y a 5% de faux positifs donc, pour 100 réels malades, 5.000 personnes seront positives. Soit 2% de malades parmi les positifs...

A quoi sert le test, demandera-t-on. Avant le test, vous aviez une chance sur 1000 d'avoir l'affection ; après celui-ci, le risque est de 2%, ce qui permet de cerner les candidats à des explorations supplémentaires.

Vaccin efficace

Un vaccin est efficace à 95 % contre un virus très virulent et constamment mortel.

Admettons que 96% de la population se fait vacciner. Vu l'efficacité incomplète du vaccin, 5% (de ces 96%) seront affectés. Il y aura donc 4,8% de mortalité globale.

Quant aux 4% des non vaccinés qui seront touchés par le virus, ils décéderont évidemment.

Paradoxalement, dans cet exemple extrême, la mortalité chez les vaccinés semble supérieure à celle des non vaccinés (4,8 contre 4 %) ! Ce qui servira, aux personnes de mauvaise foi, de justification à tenir des propos antivax.

Maternités
Dans une ville, il y a une grande maternité (50 naissances/jour) et une petite (15 naissances/jour). De manière prévisible, ces naissances se répartissent équitablement entre garçons et filles, avec de faibles variations. On demande à chaque institution de noter les jours asymétriques où il y aurait plus de 60% d'enfants d'un même sexe qui naissent.
Question : Laquelle, en fin de l'année, aura plus de jours asymétriques ? La grande, la petite, ou guère de différence entre elles.
Beaucoup penchent pour cette dernière hypothèse.

Or, la bonne réponse est, sans aucune ambiguïté, que c'est la petite maternité : en effet, de plus grands échantillons seront toujours plus proches de la parité.

De petites structures (scolaires, notamment) se retrouveront parmi les plus efficaces pour un but (réussite) mais d'autres, de taille similaire, le seront *aussi* parmi les pires ! En effet, les faibles échantillons donnent plus de résultats extrêmes que les grands car ils sont plus sensibles au hasard.

Exemple :

Un accident avec un taxi
85% des taxis d'une ville sont verts, 15% bleus. Après un accident nocturne, l'unique témoin dit avoir vu un taxi bleu. Soumis à des tests pour apprécier sa vision des couleurs en cas de pénombre, il les réussit à 80%.
Question : Quelle est la probabilité que le taxi fautif soit bleu ?
Beaucoup répondent : 80%.

C'est faux. Sur les 100 taxis, 15 bleus sont identifiés dans 80% des cas, soit 12. Mais il faut tenir compte des 85% de taxis verts qui seront mal identifiés dans 20% des cas soit 17.
La probabilité que le témoin dise vrai, en toute honnêteté, est donc de 12/29 (soit 41% seulement).

Les exemples ci-dessus témoignent de probabilités simples. La situation s'aggrave avec des *probabilités conditionnelles* (probabilité qu'un événement considéré survienne sachant qu'un autre a eu lieu). Un unique exemple est proposé.

Exemple :

Deux dés
On joue à pile (P) ou face (F) avec 2 pièces. Après avoir annoncé que l'une est tombée sur pile, on demande la probabilité que les deux soient tombées sur pile ? Autrement dit que la seconde pièce soit, elle aussi, tombée sur pile.
La majorité répond : 50%.
La bonne réponse est 33%. Sur 4 résultats possibles quand on joue 2 pièces, on a : FF, FP, PF, PP ; le premier résultat est impossible puisqu'une des pièces au moins doit être tombée sur pile, comme on l'a annoncé. Il demeure donc trois possibilités dont une seule sera juste !

Les statistiques permettent d'expliquer des phénomènes qui passent pour mystérieux. Les *miracles de Lourdes*, une fois analysés scientifiquement, concernent environ 1 personne sur 300.000. La guérison reste inexplicable, même avec les examens médicaux actuels. Miracle ? Non, on observe une fréquence similaire dans les hôpitaux. En effet, il arrive que des patients, qu'on pense condamnés, évoluent favorablement, sans explication satisfaisante.

Comme le mentionne, non sans ironie, Bronner[39], il suffit, pour accomplir des miracles, de réunir un grand nombre de personnes. Le hasard se chargera du résultat final.
Le même principe est à l'œuvre avec *le biais du survivant* : une réussite peut cacher les échecs de ceux qui, avec les mêmes dispositions de départ, ont perdu ou disparu. Cette erreur surévalue les chances de succès d'une initiative en se focalisant sur les réussites et ignorant les échecs.

<u>*Exemples :*</u>

Pile ou face
1024 personnes jouent à pile ou face. Si on élimine celles qui perdent, il reste des survivants après de nombreux coups. Avec une réussite de 50%, 512 joueurs « survivront » après un lancer, 256 après deux, etc. Après huit lancers aléatoires, certains joueurs (4 selon les statistiques) auront « survécu ».
Ils risquent d'avoir l'impression qu'ils devinent mieux que les autres mais la chance explique leur réussite.

Guerre mondiale
Mentionnons un cas tiré de la seconde guerre mondiale : pour minimiser les pertes de bombardiers, les alliés ont recensé les points d'impacts des appareils revenus à la base afin de renforcer leurs points faibles.
D'une manière surprenante, les spécialistes ont recommandé de renforcer les parties des avions présentant le *moins* d'impact (non celles qui en avaient beaucoup). Le paradoxe n'était qu'apparent : même criblés en de nombreux endroits, ces appareils étaient revenus à la base. Ceux touchés ailleurs (cockpit, par exemple), ne revenaient pas. C'étaient donc ces zones qu'il fallait renforcer.

Lorsque l'esprit cherche une solution à un mystère, il la trouve. Il préfère une solution absurde à une explication aléatoire, ce que

[39] Gérald Bronner, *Cabinet de curiosités sociales*, op. cit.

confirme l'*illusion des séries*. Les prétendues suites d'accidents témoignent de la cécité au nombre d'occurrences d'un phénomène. Attirer l'attention sur un fait suffit à majorer la probabilité d'en repérer des similaires ! On se représente le hasard comme une forme de justice immanente : si une pièce tombe sur le côté face, on estime que le côté pile sera plus probable au lancer suivant car on surestime l'homogénéité du phénomène aléatoire, laquelle ne s'exprime que dans des suites longues. Dans celles-ci, le hasard sera équitable avec des éventualités de même probabilité.

De façon équivalente, une régularité qui surgit dans un phénomène qu'on croit aléatoire donnera l'impression d'une intention sous-jacente. Comme l'aléatoire est hétérogène, tout phénomène qui en relève devrait l'être. Cela se vérifierait si on disposait de nombreuses occurrences mais toute analyse étant situationnelle et temporelle, le cas particulier risque parfois de s'éloigner d'un processus qui semble aléatoire (et qui l'est).
L'ordre de la nature n'est pas celui de l'esprit, toujours enclin à chercher une causalité et une intention.

<u>*Exemples :*</u>

Le biais des anniversaires (1)
On demande à une personne de répartir, au hasard, 12 dates d'anniversaire sur l'année. La plupart des gens les répartiront sur les 12 mois : par exemple, 4 janvier, 11 février, 6 mars… en pensant que c'est une répartition aléatoire.

Or, une étude réellement aléatoire réalisée sur 100.000 répartitions possibles montre que, dans un tel cas, certaines dates ne sont séparées que par quelques jours. C'est ce que Jean-Paul Delahaye[40] nomme l'attente excessive d'étalement qui confirme, si besoin en était, que le cerveau a une vision erronée de l'aléatoire. Quand l'esprit simule l'aléatoire, il crée plus de régularité que le hasard ne le prévoit !

[40] Jean-Paul Delahaye, *Les inattendus mathématiques*, Belin, 2006.

Le biais des anniversaires (2)
Il en va de même avec la question suivante : combien de personnes doivent être présentes dans un groupe pour qu'il y ait plus d'une chance sur 2 que deux d'entre elles fêtent leur anniversaire le même jour ?
La réponse est de l'ordre de 180 personnes environ.
La bonne réponse, contre-intuitive, est : 23. Sans entrer dans le détail du calcul, à consulter sur des sites ou dans des ouvrages, 23 personnes donnent une probabilité de 50,7% (soit plus d'une chance sur 2, ce qui était demandé). 30 personnes procurent une chance de 70% et 60 de 99% !

Maternité, le retour
On a constaté que, dans une maternité qui a connu 6 accouchements le 1er septembre, ce furent 6 filles. Faut-il suspecter une énigme ? Le monde prévisible privilégié par le système de pensée automatique, préfèrerait 3 enfants de chaque sexe, éventuellement 4 et 2.
Les statistiques montrent que ce phénomène, loin d'être curieux, est normal. 6 enfants d'un même sexe naitront environ une fois chaque mois dans une maternité avec 6 accouchements quotidiens. Et la répartition privilégiée par le système rapide (3 garçons, 3 filles) survient dans 31% des cas.

Le cerveau sépare la pensée statistique (qui vaut surtout pour les autres) de sa version des faits. Une statistique étonnante ne modifie pas sa vision du monde car elle s'inscrit dans un domaine chiffré qu'il maîtrise mal. Confronté à des chiffres, il élude avec un « avec moi, cela aurait été différent ». La réticence à déduire le particulier (pour soi) du général (pour les autres) n'a d'égale que la propension à déduire le général de son petit cas particulier.

On l'a vu (*chapitre 4*), les experts accordent trop de poids à leur *intuition q*ui n'est, souvent, qu'une réponse intuitive, tributaire de la mémoire. Or, une combinaison de variables sélectionnées l'emporte *toujours* sur la complexité (réelle ou proclamée) d'une prétendue expertise.

<u>*Exemple :*</u>

Le score d'Apgar
La naissance constitue un moment délicat. Une pédiatre américaine, Virginia Apgar, a développé un score basé sur 5 paramètres seulement (fréquence cardiaque, rythme respiratoire, tonus, coloration cutanée et réponse à un stimulus).
Chacun de ces paramètres est côté 0, 1 ou 2 selon des normes objectives précises : par exemple, fréquence cardiaque en dessous de 80 (score : 0), entre 80 et 100 (score : 1) et au-delà (score : 2). Le score est répété à la naissance, (parfois à la 3ème minute), à la 5ème et à la dixième minute.
Un nouveau-né normal présente un score de 9 ou 10. Inférieur à 7, il témoigne d'une anomalie. Ce score est une évaluation générale de la santé du bébé à la naissance et détermine la nécessité de soins médicaux urgents. Son instauration fut pourtant retardée par les réanimateurs qui estimaient qu'il remettait en cause leurs intuitions.
Aujourd'hui, il a prouvé sa validité et il s'est généralisé.

Une prédiction, tournée vers le futur, est proche d'une évaluation qui porte sur le présent : l'analyse doit prendre en compte les éléments disponibles.

En bref :

Un raisonnement probabiliste est souvent nécessaire dans le raisonnement.
En cas de doute, il est préférable de solliciter un statisticien ou de passer par un algorithme : si les formules de départ sont bonnes et objectives, elles l'emportent sur les experts pour prendre de bonnes décisions.

2. L'INCERTITUDE

L'incertitude fait partie du quotidien. Le cerveau a des capacités à prédire l'avenir en intégrant une certaine imprévisibilité mais, si ce mécanisme est dépassé, le stress survient. Prédire suppose un monde régulier, avec des événements statistiquement probables.
Des expériences chez des primates ont montré qu'un événement négatif certain (un choc électrique systématique après un son, par exemple) est mieux toléré qu'un événement aléatoire (le choc ne survient pas toujours après le son) qui sera plus stressant. La conscience du pire est préférable à l'incertitude. Face à une maladie, un patient ne peut mobiliser ses ressources antérieures et doit demander aux statistiques de chiffrer l'incertitude : dans telle maladie, les chances sont de 50%. Mais les statistiques témoignent d'une expérience collective et non de celle du sujet. Ce qui n'arrivait qu'aux autres le concerne subitement, et le déstabilise.

Le biais de normalité

Le biais de normalité témoigne de cet état d'esprit : il minimise la probabilité d'un événement ou d'un danger. On ne décèle pas le péril et, quand on y est confronté, on ne réagit pas, ou mal. C'est la politique de l'autruche : les facultés d'analyse sont suspendues. Mais minimiser le risque dans un contexte d'urgence peut conduire à des catastrophes. Ce biais est un mécanisme de défense pour vivre tranquillement. Il est impossible de vivre en pensant à tout ce qui peut mal tourner ! C'est ce qu'énonce la loi de Murphy : ce qui peut mal tourner finira par mal tourner.
Minimiser les avertissements relatifs à un danger, croire que les choses fonctionnent comme dans le passé et que la vie continuera normalement, comme toujours, sont des attitudes qui peuvent inhiber la décision, individuelle ou collective. C'est parfois funeste, que ce soit sur le plan de la santé (négliger de nouveaux symptômes) ou d'un point de vue économique (les investissements en bourse, ou dans l'immobilier, seront toujours rentables, même si des Cassandre prétendent le contraire).

Exemples :

Pompéi
Les habitants de Pompéi n'ont pas fui la ville lorsque la catastrophe est apparue en 79 car ils ont sous-estimé la menace dont ils observaient pourtant l'ampleur inhabituelle.

Covid
En février 2020, le virus Covid 19 était mentionné sporadiquement dans quelques pays étrangers. Il semblait similaire à d'autres épidémies dont on avait entendu parler et n'inquiétait guère. Un mois plus tard, toute l'Europe, qui n'avait rien vu venir, était confinée.

Décider ce qui relève d'un risque ou d'une opportunité n'est pas facile : qui imaginait l'importance que prendrait l'informatique ? Fallait-il anticiper les transformations qu'elle annonçait ou les minimiser ? Les biais de normalité et d'optimisme surestiment la probabilité de vivre indéfiniment dans un environnement stable. Ils laissent croire que les recettes d'hier marcheront toujours.

Exemple :

La chute de Kodak
Fondé en 1888 par George Eastman, un ingénieur, ce groupe révolutionna les techniques photographiques (pellicule souple, pellicule couleur, appareils photos simples à manipuler et bon marché). La firme devint un géant de la photographie avec des parts de marché dépassant les 85 % aux USA. Mais les dirigeants, préoccupés à consolider leur part de marché sur les pellicules, négligèrent le numérique, craignant en outre qu'il puisse compromettre la vente de celles-ci. L'incapacité à innover et s'adapter provoquerait, en quelques années, la chute puis la faillite de la firme.

Plus ouverte est l'attitude qui prend en compte l'impact potentiel de ces bouleversements, même lorsqu'ils vont à l'encontre des idées préconçues.

En bref :

Le biais de normalité sous-estime la perception de certains événements inhabituels, sous prétexte qu'ils ne changeront rien au quotidien. La capacité à y réagir évite un statu quo dangereux. Imaginer le pire ne permet pas de l'éviter, mais peut ***éviter l'inaction****.*
Il faut refuser la croyance, fausse, en un monde stable et réconfortant. Se donner la capacité de réagir rapidement n'est pas dramatiser le réel ni le faire advenir : c'est anticiper. C'est élargir la prise en compte de risques pour s'y préparer, en cas de nécessité. C'est donc être ***lucide****.*

Du point de vue neurologique, pour tous les biais statistiques, si une région spécifique du lobe temporal gauche est connue pour intervenir dans tout calcul, seule une formation spécifique permet de l'entraîner et d'éviter les erreurs qui résultent de la confusion entre ce qui semble évident et la réalité des faits, comme du hasard.

Pour clore ce chapitre consacré aux statistiques, proposons un dernier exemple qui associe plusieurs biais : le problème de *Monty Hall*, du nom d'un jeu télévisé américain. D'innombrables variantes existent, simples dans leur exposé mais contre-intuitives dans leur résolution. On présente à un candidat 3 boîtes identiques : l'une contient une fortune, les deux autres rien.
Le candidat doit désigner l'une d'elles, au hasard. Une fois son choix posé, le présentateur (qui connait la boîte victorieuse) ne dit rien mais ouvre une des deux autres boîtes ; que le joueur ait sélectionné une bonne ou une mauvaise boîte, il en reste toujours une qui ne contient rien, que dévoile l'animateur.
On demande au candidat de préciser s'il maintient son choix ou s'il en change. Quelle est la meilleure stratégie si on joue au long

cours : toujours garder le même choix, toujours en changer ou un choix aléatoire en fonction du ressenti ? Quasi tous les compétiteurs conservent leur choix initial. Au biais du statu quo s'ajoute, en effet, l'aversion à la perte : le candidat éprouvera toujours plus de regrets en ayant changé d'option (et en ayant perdu) qu'en ayant conservé une option, même perdante.

Pourtant, la bonne réponse est de changer *systématiquement* de choix ! C'est une option contre-intuitive qui paraît, à beaucoup, irrecevable. Mais les statistiques sont formelles : lors de son premier choix, le joueur a une chance sur 3 de gagner (une boîte gagnante sur les trois). Lors du second choix, après élimination d'une boîte perdante, il reste une chance sur deux. La première option ne lui donnait que 33,3% de réussite, la seconde 50.

Evidemment, sur une partie unique, le candidat peut perdre et se mordre les doigts pour avoir changé de boîte. Mais, sur un grand nombre de parties, il gagnera à changer *systématiquement* son choix.

En bref :

Les biais statistiques, fréquents, nécessitent, pour être évités, des compétences acquises et le recours à des spécialistes. Le savoir évite des déboires. On doit aussi être prudent devant des présentations chiffrées quand on n'est pas certain de les comprendre. Un argumentaire axé sur des chiffres ou des graphiques risque de leurrer le raisonnement.

Conclusions

Connaître l'existence des biais ne permet pas de s'en prémunir systématiquement mais peut les circonscrire par plus de rationalité et prise de recul au regard des émotions ressenties. Revenons sur les points essentiels parcourus lors de ces chapitres.

1. COHÉRENCE ASSOCIATIVE ET MÉMOIRE

La cohérence associative fait intervenir l'attention et la mémoire. Le *biais de disponibilité* surestime les informations disponibles et valide des croyances peu étayées, au détriment de recherches pertinentes. Le *biais de répétition* surestime les informations trop lues ou entendues. Le *biais d'ancrage* focalise l'attention sur un chiffre ou une donnée, au risque de ne plus s'en détacher. Enfin, le *biais de substitution* simplifie le problème pour l'inscrire dans un schéma préétabli mais susceptible d'être faux.
Pour limiter ces écueils, la première étape consiste à sélectionner (et non à subir) des sources d'information fiables. Elles seront variées, mais pas trop : la qualité doit l'emporter sur la quantité. On les consultera avec parcimonie car les savoirs étayés se modifient lentement. Pour des enjeux élevés où les opportunités peuvent être rares (achat d'une maison, par exemple), agir vite est parfois indispensable. Dans ce cas, seule une analyse approfondie et préalable permettra d'éviter la pression du temps comme des émotions.
Simplifier est souvent nécessaire mais compliqué ! D'où la nécessité de prendre le temps de structurer le questionnement au lieu de se contenter d'une réponse stéréotypée. Décomposer la problématique en entités élémentaires crédibles permet de garder le contrôle et de réagir plus vite. Anticiper préserve l'équilibre entre la raison et une inévitable composante émotionnelle, qui se trouve intégrée au processus décisionnel.

2. RAISONNEMENT ET CONSCIENCE

Raisonner est une démarche logique qui part de prémisses pour déboucher sur une conclusion. L'esprit va du connu à l'inconnu, via des propositions reliées par un schéma considéré comme vrai car validé par les connaissances antérieures ou l'expérience.
Le meilleur raisonnement sera erroné si les prémisses sont fausses ou dégagées des problématiques concrètes. La mémoire doit intégrer des règles de logique, toujours à apprendre. C'est avoir « une tête bien faite plutôt qu'une tête bien pleine », disait déjà Montaigne[41]. C'est toujours vrai malgré le fait que les intelligences artificielles possèdent une prodigieuse mémoire. Ce sont des règles rigoureuses associées au processus mnésique qui aiguisent l'esprit, lui permettant de penser plus loin.
Le *biais d'intentionnalité* témoigne de grilles de lectures simplifiées, d'où découlent des théories souvent toxiques pour les démocraties. Le *biais d'autocomplaisance*, indulgence vis-à-vis de soi, relève d'une distorsion similaire. Et, si on privilégie une cause interne à la personne plutôt que de l'attribuer au contexte, on verse dans le *biais d'internalité* en confondant causalité et recherche de sens.
Quant au *biais d'internalité,* il provient d'hypothèses émotives et erronées sur les motivations d'autrui.
La simplification intervient encore à ce niveau via le *biais de confirmation* (même les scientifiques ont attendu le XXème siècle pour comprendre que la confirmation devait s'accompagner de réfutation sauf à subir le *biais de halo* et ses préjugés).

De meilleures connaissances en logique sont indispensables et on ne peut que déplorer qu'elles soient trop peu étudiées, dès le début de toute formation, car elles constituent une excellente solution pour prévenir les erreurs de raisonnement en situation complexe.

---

[41] Montaigne, *Essais*, Gallimard, 2021.

3. RÉCITS ET LANGAGE

Des récits cohérents influencent le cerveau qui pense le monde en le fragmentant et qui le classe selon des catégories utiles. Le mode de présentation, le vocabulaire utilisé, la sélection des sources, orientent l'esprit dans des directions prévisibles par le narrateur averti et peuvent leurrer. La recherche de sources sûres, d'auteurs compétents et reconnus aide à une révision critique qui relativise ces perspectives imposées.

Le *biais rétrospectif* dont les récits a posteriori font intervenir des éléments initialement inconnus est un autre travers fréquent. La négligence d'éléments ignorés (donc non pris en compte) rend trop confiant (*biais d'optimisme*), renforçant l'illusion de compétence, génère des formulations simplistes (*biais de formulation*) souvent fondées sur des cadres étroits (*biais de cadrage*). Tous ces écueils piègent la réflexion, notamment en y introduisant trop d'émotivité.

Préciser par écrit, dès le début d'une réflexion sur un sujet complexe, les éléments qui présideront au choix clarifie sa pensée sans la simplifier et servira, ultérieurement, à réviser les données pour éviter le biais rétrospectif. C'est également un bon moyen d'exploiter un échec ou semi-échec, en identifiant des éléments négligés ou surévalués.

Dans une société où le savoir est exponentiel, s'entourer de personnes compétentes permet d'éviter de nombreux pièges, dans la réalisation de projets, dans la prise en compte de leur coût et de leur durée, qu'il faudra chiffrer et formuler avec la prise en compte de délais et de critères permettant de modifier les intentions initiales. Un cadre large, reprenant plusieurs options et perspectives, est toujours avantageux, preuve d'agilité de la pensée.

4. JUGEMENT ET INTELLIGENCE

Bien juger implique l'intelligence, aptitude mentale générale qui doit être travaillée par un incontournable apprentissage, parfois

très long. Elle doit intégrer le doute, distinguer la part de savoir dans les croyances les mieux établies, séparer les faits des déductions qu'on en tire, pour minimiser les *biais de certitude*, de *coûts irrécupérables*, et de *validation subjective* qui enferment dans l'erreur. Outre un caractère consciencieux et la persévérance, un point indispensable est l'ouverture d'esprit grâce à laquelle le juge (quel que soit son domaine) est susceptible de chercher de nouvelles informations, y compris celles qui remettent en question ses convictions ou ses préjugés. Cette attitude, rare, évite les jugements hâtifs et bâclés.
Le jugement est aussi influencé par les bruits qui accentuent encore les biais et qui sont difficiles à éviter. Le partage d'un jugement au sein d'un groupe et l'intuition n'ont guère prouvé leur efficacité. Ce qui incite certains à suggérer le recours à l'intelligence artificielle. Le débat ne fait que commencer quoique les preuves s'accumulent en faveur de l'IA, n'en déplaise aux experts. Mais il convient de veiller à ce que l'humain puisse garder la dernière décision.

5. STATISTIQUES ET CONNAISSANCES

Les statistiques sont indispensables dans maints domaines, scientifiques, économiques, sociaux. Plus prosaïquement, on y recourt parfois pour donner une aura de sérieux à une présentation : « c'est statistiquement prouvé ! » Or, aucune statistique ne peut servir d'alibi à des hypothèses imprécises.
Pourtant, il faut s'en méfier si on ne dispose pas de compétence avérée (et le cerveau y est mal préparé). La négligence de paramètres fondamentaux génère le *biais de représentativité*. Une mauvaise compréhension du hasard et de l'aléatoire, provoque un *biais de normalité* qui rassure (ou inquiète) à tort. On se méfiera donc *a priori* de présentations chiffrées.
Concrètement, si on ne dispose pas de compétences statistiques, en appeler à un spécialiste est indispensable.

6. UNE HYGIÈNE DE DÉCISION

Prendre conscience des biais, c'est avant tout dévoiler le besoin essentiel, pour chacun, de sécurité et d'estime de soi. C'est aussi comprendre le poids que font peser les doutes et leur répercussion sur la confiance en soi et tenter d'équilibrer ces composantes contradictoires : confiance excessive et incertitudes pénalisantes.

Quel est le bon moment pour détecter un biais ? Un seul : le temps réel. Il faut disposer d'outils mentaux et pratiquer une *hygiène de décision* qui peut sembler fastidieuse (comme le lavage des mains, par exemple) ou ingrate (par le temps et l'énergie qu'elle prend, souvent de manière peu visible).

Une première étape est de réfléchir à la pertinence de la décision : faut-il agir, ne pas agir, reporter, suspendre son jugement, corriger les sensations immédiates ou le ressenti émotionnel ? L'urgence est rarement un critère pertinent car elle implique des émotions excessives qu'une planification adéquate aurait évitées. En cas de préparation insuffisante, différer est préférable, quitte à manquer une occasion mais aussi en évitant un risque inconsidéré.

La seconde étape identifie les paramètres essentiels qui doivent être peu nombreux (pour éviter de noyer la réflexion) mais précis et assortis d'un poids décisionnel.

La troisième étape structure et agrège les informations et envisage la planification (délais, marges d'erreur…). Baliser les étapes intermédiaires évite un gaspillage d'énergie inutile. Améliorer le processus décisionnel relève de compétences acquises par un travail, éducatif et professionnel, qui permet de relativiser les savoirs acquis et d'appréhender leurs limites.
Une bonne décision implique toujours une expérience avérée, avec de bonnes informations et un retour rapide sur l'évolution de la situation. On a vu le danger des simplifications et l'impérieuse nécessité de disposer d'un cadre large incluant des perspectives futures.
En se projetant à moyen ou long terme, on réfléchit davantage aux répercussions des actions actuelles : sera-t-on en difficulté si on échoue ? Quelles informations, négligées aujourd'hui, risquent de nuire (défi économique, climatique…) ?

Créativité et contraintes doivent servir d'inspiration à la réflexion. L'inventivité explore des idées atypiques, stimulantes ou dérangeantes : « Et si… » Puis, les impératifs reprennent leurs droits non sans en tenir compte : « Cela vaudrait la peine d'aller plus loin dans cette démarche... »
De nouveaux champs de recherche s'ouvrent qui permettent de progresser ou de sortir d'une impasse. Il est rare qu'on invente un projet de bout en bout : d'autres ont sans doute déjà parcouru une partie du chemin qu'on envisage. Pourquoi ont-ils renoncé ? Des approches technologiques novatrices, sans constituer la panacée, ou un changement contextuel permettent-ils de reprendre le processus ?
Après avoir multiplié librement pistes et hypothèses vient le moment crucial de proposer une nécessaire convergence avec une solution, entre ouverture et contraintes, que validera un jugement critique.

Toute réflexion en situation complexe mène à une action. Si le processus décisionnel a été rationnel, la conviction d'avoir bien choisi donne une confiance qui permet de garder la tête froide et de gérer l'incertitude. Même dans ce cas, un échec peut survenir, difficile à admettre.
Mais un processus décisionnel adéquat ne peut pas échouer systématiquement. L'intelligence, au service du réel, évite de s'enfermer dans les biais et les pièges artificiels et s'avère capable de dépasser ses échecs, en apprenant d'eux, pour proposer de nouveaux projets.

Bibliographie

Alain Berthoz, *La simplexité*, 2012, Odile Jacob

Raymond Boudon, *Croire et savoir*, 2022, PUF

James Bridle, *Toutes les intelligences du monde*, 2023, Seuil

Gérald Bronner, *Cabinet de curiosités sociales*, 2018, PUF

Gérald Bronner, *Apocalypse cognitive*, 2021, PUF

Gérald Bronner, *L'empire de l'erreur,* 2ème édition, 2023, PUF

Jean-Pierre Changeux, *L'homme de vérité*, 2002, Odile Jacob

Antonio Damasio, *Sentir et savoir*, 2021, Odile Jacob

Daniel Dennett, *La conscience expliquée*, 1993, Odile Jacob

Daniel Kahneman, *Système 1 Système 2, Les deux vitesses de la pensée*, 2012, Flammarion

Daniel Kahneman, Olivier Sibony, Cass R. Sunstein, *Noise,* 2021, Odile Jacob

Pascal Mespouille, *Dessine-moi une conscience*, 2023, Chronique sociale

Christian Morel, *Les décisions absurdes*, 2002, Gallimard

Massimo Piatelli-Palmarini, *La réforme du jugement ou comment ne plus se tromper*, 1995, Odile Jacob

Steven Pinker, *L'instinct de langage*, 2013, Odile Jacob

Steven Pinker, *Rationalité*, 2021, Les Arènes

Mariano Sigman, *La vie secrète de l'esprit*, 2023, Odile Jacob

Richard H. Thaler, Cass R. Sunstein, *Nudge,* 2008, Pocket

Nicolas Tournadre, *Les prismes de la langue*, 2023, L'Asiathèque

TABLE DES MATIÈRES

Structures éditoriales du groupe L'Harmattan

L'Harmattan Italie
Via degli Artisti, 15
10124 Torino
harmattan.italia@gmail.com

L'Harmattan Hongrie
Kossuth l. u. 14-16.
1053 Budapest
harmattan@harmattan.hu

L'Harmattan Sénégal
10 VDN SICAP AMITIE 3
BP 45034 Dakar-Fann
direction@senharmattan.com

L'Harmattan Cameroun
Tsinga/Derrière polyclinique FECAFOOT
BP 11486 Yaoundé
Jacques.koukam@harmattan.fr

L'Harmattan Burkina Faso
Villa 281, secteur 23 623, rue 14.32
Ouagadougou
zagbie@outlook.fr

L'Harmattan Guinée
Almamya, rue KA 028 OKB Agency
BP 3470 Conakry
harmattanguinee@yahoo.fr

L'Harmattan RDC
185, avenue Nyangwe
Commune de Lingwala – Kinshasa
matangilamusadila@yahoo.fr

L'Harmattan Congo
219, avenue Nelson Mandela
BP 2874 Brazzaville
deunovmikhael@gmail.com

L'Harmattan Mali
Immeuble Mgr Jean Marie Cissé
Aci Hamadallaye
BP 145 Bamako
syllaka@yahoo.fr

L'Harmattan Togo
Djidjole – Maison Amela
face EPP BATOME
02 BP 20680 Lomé
didieramela11@gmail.com

L'Harmattan Côte d'Ivoire
Résidence Karl – Cité des Arts
Abidjan-Cocody
03 BP 1588 Abidjan
harmattan.ivoire@gmail.com

L'Harmattan Bénin
Rue 604, (Immeuble à l'entrée
de la rue UCAO- Cite de Saint-Jean)
Cotonou
stepcorpus@gmail.com

Nos librairies en France

Librairie internationale
16, rue des Écoles
75005 Paris
librairie.internationale@harmattan.fr
01 40 46 79 11
www.librairieharmattan.com

Librairie des savoirs
21, rue des Écoles
75005 Paris
librairie.sh@harmattan.fr
01 46 34 13 71
www.librairieharmattansh.com

www.ingramcontent.com/pod-product-compliance
Lightning Source LLC
LaVergne TN
LVHW021220061026
849535LV00008B/2831
* 9 7 8 2 3 3 6 5 1 6 1 0 3 *